CAD/CAM/CAE 高手成长之路丛书

SOLIDWORKS Motion 运动仿真实例详解
（微视频版）

刘红政　肖　冰　编著

机械工业出版社

本书是以SOLIDWORKS运动算例案例为基础编写的学习教程。SOLIDWORKS运动算例包含不同的算例类型，可以辅助用户生成不同的运动仿真动画。本书系统、全面地介绍了各种算例类型的特点，并以案例的形式讲解了每类算例设置的操作步骤。本书可以作为SOLIDWORKS官方培训教程的有益补充，帮助读者更好地掌握SOLIDWORKS运动仿真。

本书提供了丰富的实例，并附有对应的实例素材及演示视频。同时，本书还应用了"3D秀秀"这一先进的HTML5技术，以帮助用户更加直观地从多个视角理解运动仿真的结果。本书适合企业的工程设计人员和高等院校、职业技术学校相关专业师生使用。

图书在版编目（CIP）数据

SOLIDWORKS Motion 运动仿真实例详解：微视频版 / 刘红政，肖冰编著.—北京：机械工业出版社，2018.9（2023.1 重印）

（CAD/CAM/CAE 高手成长之路丛书）

ISBN 978-7-111-60228-6

Ⅰ.①S… Ⅱ.①刘… ②肖… Ⅲ.①机械设计 – 计算机辅助设计 – 应用软件 – 教材 Ⅳ.① TH122

中国版本图书馆 CIP 数据核字 (2018) 第 128725 号

机械工业出版社（北京市百万庄大街 22 号　邮政编码 100037）
策划编辑：张雁茹　　　　责任编辑：张雁茹　张丹丹
责任校对：刘秀芝　刘　岚　责任印制：郜　敏
北京盛通商印快线网络科技有限公司印刷
2023 年 1 月第 1 版第 5 次印刷
184mm×260mm · 13 印张 · 305 千字
标准书号：ISBN 978-7-111-60228-6
定价：59.80 元

凡购本书，如有缺页、倒页、脱页，由本社发行部调换
电话服务　　　　　　　　网络服务
服务咨询热线：010-88361066　机工官网：www.cmpbook.com
读者购书热线：010-68326294　机工官博：weibo.com/cmp1952
　　　　　　　010-88379203　金 书 网：www.golden-book.com
封面无防伪标均为盗版　教育服务网：www.cmpedu.com

序

　　刘红政博士请我为他的新书《SOLIDWORKS Motion 运动仿真实例详解（微视频版）》作序，我欣然接受。因为我觉得以他的学识和在 SOLIDWORKS 软件开发与应用上所积累的经验，写这本书是再合适不过的了。

　　我与刘红政结识于 2004 年。那年春天他考取了浙江大学博士研究生，选我做他的博士生导师，主要因为他是当时国内早期少有的深入使用正版 SOLIDWORKS 软件的工程师之一，而我在麻省理工学院从事博士后研究后的第一份工作就是加入 SOLIDWORKS 的创业团队，从事与 SOLIDWORKS 软件研发相关的工作。作为 SOLIDWORKS 的首席科学家，我见证了 SOLIDWORKS 从初创到壮大的整个发展过程。他是冲着我与 SOLIDWORKS 相关的这段创业经历报考我的博士生的，当然，这也是一段我十分怀念并一直引以为自豪的人生经历。

　　从那以后，我见证了刘红政在 SOLIDWORKS 软件应用、产品定义，以及技术培训和支持方面所从事的工作和取得的成绩。在国内推广 CSWP 认证时，他不但是早期通过认证的成员，而且还作为培训导师帮助了很多工程师通过这项认证。在 SOLIDWORKS 软件核心模块研发方面，他以很强的应用工程师背景担当了软件产品定义的角色。在 SOLIDWORKS 技术支持工作中，他多年担任亚太区仿真分析产品的资深技术支持工程师，积累了丰富的 SOLIDWORKS Motion 实际应用与用户培训经验。

　　从 2005 年开始，刘红政还配合机械工业出版社，帮助 SOLIDWORKS 公司完成官方教程在国内的翻译及出版发行工作，国内出版的很多 SOLIDWORKS 官方教程的背后都有他的辛勤付出。我一直鼓励他分享其多年在 SOLIDWORKS 软件上积累的经验，现在终于欣喜地看到了。他的新书融入了这些经验，可以让广大读者受益于他总结的相关学习和应用的方法、心得和体会。

　　这本书是关于多体动力学（又称"多体系统动力学"）分析工具——SOLIDWORKS Motion 运动仿真从入门到提高的教程。在 CAE 技术飞速发展并广泛应用的今天，我们在市面上看到，与同样作为 CAE 技术的有限元分析或 CFD 分析技术相关的教程比比皆是，但是与多体动力学相关的教程却很少，而多体动力学恰恰能解决有限元或 CFD 技术不能解决的诸多运动学和动力学性能的仿真问题。真正的治学者必定是"厚积薄发"，刘红政博士结合多年的工程应用与软件技术经验，恰当地在书中从最基本的软件操作，到分析、解决问题所需要的理论背景知识都进行了详细阐述，因此本书对于工程应用领域的多体运动学分析工程师来说，是一本非常难得的宝贵学习资料。

　　更值得一提的是，书中插入了 22 个二维码，读者只要扫描这些二维码，即可在手机、PAD 等移动终端设备上查看三维模型及对应的动画，为读者提供了平面图文之外更丰富的学习内容，极大地改善了读者的阅读体验。

　　我非常欣慰地看到，自己曾倾注心力打造的 SOLIDWORKS 软件，为千千万万像刘红政这样的工程师所使用和传播，并持续地为他们创造着价值。能以这种方式为"中国制造 2025"贡献自己的一份力量，使我深感自豪，也深以刘红政博士和他的书为傲。

叶修梓

于杭州

前　言

SOLIDWORKS 是达索旗下一款功能强大的三维机械设计软件，自 1995 年推出第一个版本以来，软件功能不断丰富，逐渐覆盖了研发、仿真、数据管理、质量检测、手册制作等领域，成为业界公认的领导者。

SOLIDWORKS 软件不但凭借操作方便赢得了用户的青睐，而且可以使设计好的机械设备模型很方便地完成运动仿真，对机械设计工程师而言无疑是如虎添翼。运动仿真可以更加直观地表达机械结构的运动原理，而且在设计早期可以很方便地对设计结果进行查看和修正。

我在 1998 年参加工作时第一次接触 SOLIDWORKS 这款软件，便深深地着迷于它提供的功能。后来有幸在 SOLIDWORKS 技术支持团队从事仿真产品的技术支持长达 8 年时间，积累了丰富的实践经验，帮助数百个用户成功应用 SOLIDWORKS 提供的仿真功能。今年刚好是我与 SOLIDWORKS 软件结缘 20 周年，在这个富有纪念意义的年度出版一本自己写的书，甚感欣慰。

在互联网如此发达的时代，很幸运在准备素材方面我可以节省不少时间。本书部分模型素材取自 GRABCAD（www.grabcad.com）、MySolidWorks（http://my.solidworks.com/）、制造云（www.zhizaoyun.com），一些视频素材取自 MIT 公开课、YouTube，在此特意申明并表示感谢。

读者在学习创建 SOLIDWORKS 运动算例时，通常会被如何在三种运动算例类型中进行选取的问题困扰，也会质疑虚拟仿真的结果与实际工况得到的结果是否一致。带着这些疑问，本书特意准备了 20 多个精品实例，由浅入深地为读者解析不同场景下使用运动算例的各种方法及技巧。本书不但介绍了 Motion 分析这一重要的仿真类型，而且介绍了运动算例中的动画及基本运动两个仿真类型，对 SOLIDWORKS 官方教程起到了一个很好的补充。同时，本书还首次引入对 Motion Analyzer 软件的介绍，让运动仿真与电气选型部分融为一体，更加凸显运动仿真的可实现性。

这是一本饱含经验积累的书，融入了我大量的学习及实践中的体会，希望读者在阅读本书的过程中，能够获得相应的知识，并具备创作的灵感。

由于时间关系，在编写过程中也存在遗漏之处，没有完整体现最初对本书的构思。对于本书中存在的一些问题与不足，敬请专家和读者予以指正，在此深表感谢。读者意见可以反馈至邮箱：372072@qq.com。

诚挚感谢我最敬重的导师——叶修梓博士在百忙中为本书作序。感谢在编写此书时，肖冰女士给予的专业建议及细致的审核工作，以及新迪数字工程系统有限公司提供的"3D 秀秀"这一优秀的在线展示工具。同时，对 SOLIDWORKS 公司的胡其登、彭军给予的支持表示衷心的感谢。最后，感谢家人在我编写此书期间给予的理解及关怀。

刘红政

目 录

第1章

SOLIDWORKS MotionManager 简介

【学习目标】

1）SOLIDWORKS MotionManager 的界面布局。

2）SOLIDWORKS 运动仿真类型介绍。

3）运动算例属性设置。

1.1 SOLIDWORKS 运动仿真简介

SOLIDWORKS 自 1995 年发布第一个版本以来，备受市场认可和用户的好评，目前在全球已经拥有超过 350 万的正版用户。SOLIDWORKS 从最初单一的三维 CAD 软件，逐渐发展成一个包含系列软件工具的品牌。

当设计师完成三维产品设计后，在很多时候需要配合市场部的要求，通过运动仿真的方式，在虚拟的环境中模拟产品的机构运动原理并制作成动画，以更加直观的方式呈现给用户。制作的动画可以很方便地保存为视频，并通过移动互联网进行大范围传播和宣传。SOLIDWORKS VISUALIZATION 和 SOLISWORKS COMPOSER 作为独立的应用程序，都可以完成运动仿真的制作。但在本书中，我们主要探讨的是在 SOLIDWORKS【运动算例】下制作各种运动仿真的动画。

 提醒

如果用户购买了 SOLIDWORKS SIMULATION PREMIUM 产品，还可以利用非线性模块，生成基于时间步长的更加复杂的动画。例如，卡扣的锁紧动画、自由落体落地后反弹的动画、子弹射击到物体表面后的偏折动画等。这些动画建立在模型构件都是弹性体的基础上。然而，SOLIDWORKS【运动算例】下制作的各种运动仿真动画，都是建立在模型构件具有完全刚度基础上的。也就是说，所有模型构件都被视为理想刚体，在仿真的过程中，构件本身及构件之间都不会出现变形。

1.2 SOLIDWORKS MotionManager 界面

在 SOLIDWORKS 底部靠左的位置单击【运动算例 1】，就可以看到 SOLIDWORKS MotionManager 界面，如图 1-1 所示。

在 SOLIDWORKS MotionManager 界面最顶部，从左到右依次为算例类型①、播放工具②、运动单元工具③，最靠右的向下箭头可以折叠 MotionManager 窗口。

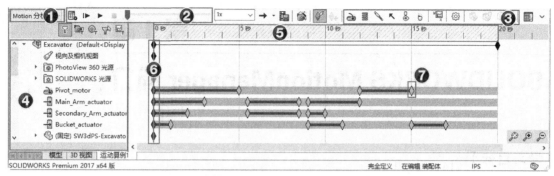

图 1-1　MotionManager 界面

在 MotionManager 界面的左侧是 MotionManager 设计树④，它包含视向及相机视图的设置，各种光源的设置，出现在 SOLIDWORKS FeatureManager 设计树中的装配体模型，以及用户添加的诸如马达、力或弹簧之类的任何运动单元工具。面积最大的区域在整个 MotionManager 界面的右方，它包含时间轴⑤、时间栏⑥、关键帧和键码点⑦等要素。

如需了解这部分内容的更多细节，建议参考 SOLIDWORKS 软件自带的帮助文件。在后面的章节中也会对某些工具进行特别讲解，尽可能让大家在创建运动算例时少走弯路。

1.3　SOLIDWORKS 运动仿真类型

在 SOLIDWORKS 软件中，首先需要明确的是，所有运动仿真都是面向装配体模型的，而不是针对零件模型。无论采用哪种方式生成最后的运动仿真动画，都是在统一的 SOLIDWORKS MotionManager 界面下完成的，只是对应的工具略有差别。下面将按照三种划分方式，以不同的维度对运动仿真进行分类，让读者有一个系统、全面的了解。

1.3.1　按算例类型划分

在【算例类型】下拉菜单中，可以看到一共有三种运动仿真类型：【动画】、【基本运动】和【Motion 分析】，如图 1-2 所示。需要特别注意的是，只有 SOLIDWORKS Premium 版本或购买过 SOLIDWORKS Simulation 产品的用户，【算例类型】中才会出现【Motion 分析】的选项，而且还必须提前在插件中勾选【SOLIDWORKS Motion】复选框，如图 1-3 所示。

　　由于本书会经常用到 SOLIDWORKS Motion 这个插件，建议大家把启动项的复选框也勾选上，这样在今后启动 SOLIDWORKS 时，软件将自动加载 SOLIDWORKS Motion 插件。

前面提到，所有运动仿真的界面是统一的，但是能够使用的工具略有差别。表 1-1 罗列了不同运动类型下可以使用的特征，方便我们在遇到不同的运动仿真案例时，提前判断应该采用哪种运动类型。

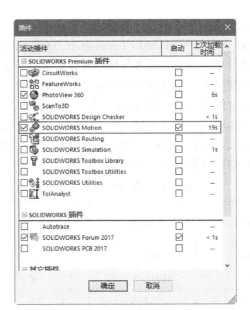

图 1-3　加载插件

图 1-2　算例类型

表 1-1　不同运动类型对应的特征

	动画	基本运动	Motion 分析
关键帧 / 点	✔	✔	✔
配合	✔	✔	✔
马达	✔	✔	✔
重力 / 弹簧 / 接触		✔	✔
摩擦			✔
外力 / 阻尼			✔
分析结果			✔
应力分析 / 输出结果到 Simulation			✔

1. 动画

动画是 SOLIDWORKS 软件中最基本的运动仿真方式。它采用 D-Cubed 提供的 3D DCM（3D Dimensional Constraint Manager）来生成动画。3D DCM 不但提供尺寸驱动，而且包括针对 CAD/CAM/CAE 应用程序的基于约束的设计功能。

3D DCM 通常用于定位一个装配体或一个机构中的零部件。速度快、全三维、非连续求解、支持尺寸驱动和约束等功能，可以满足设计师高效地创建、修改和制作各类机构动画的要求。更多信息，请参见 http://www.plm.automation.siemens.com/en_us/products/open/d-cubed/product_news/3d-dcm-dcs.shtml。

2. 基本运动

基本运动源于物理仿真，可以使用动画和 Motion 分析中的特征，常用于动力学仿真。基本运动采用 Ageia PhysX 作为驱动引擎。Ageia PhysX 是游戏领域广泛使用的物理求解器。它可以模拟物体如何移动和相互作用。用户通常可以使用基本运动来生成接近现实的运动和交互式动画。Ageia PhysX 可以帮助用户生成看上去真实的动画。

3. Motion 分析

Motion 分析使用 ADAMS（Automatic Dynamic Analysis of Mechanical Systems，机械系统动力学自动分析）的求解器来分析装配体的复杂行为。通过这个求解器，用户无须进行大量耗时耗财的物理实验，便可以在虚拟环境中测试验证虚拟原型，并对性能、安全和舒适度等提出更多优化改进的方案。ADAMS 的求解器可以保障力、力矩、功率消耗等指标分析的正确性。

ADAMS 软件是美国 MSC 公司的一款虚拟样机分析软件。SOLIDWORKS Motion 目前使用的是 MSC ADAMS 求解器 2010 版的简化版本。各个 SOLIDWORKS Motion 历史版本对应的 MSC ADAMS 求解器版本，可以参见表 1-2。

表 1-2　SOLIDWORKS Motion 与 ADAMS 求解器的版本对照

产品版本	小版本	ADAMS 求解器		
		2003	2005	2010
2004	SP1.0 ~ SP2.1	✔		
2005	SP0.0 ~ SP3.0	✔		
2005	SP4.0		✔	
2006 ~ 2012	全部		✔	
2013 以上	全部			✔

 提醒

上面提到的算例类型有三种，但并不意味着在制作一个产品的运动仿真时只能使用一个算例类型，而是可以使用其中的两个或全部三个算例类型制作出更加复杂和炫酷的运动仿真。

1.3.2　按运动类型划分

1）自由运动。自由运动仅存在于虚拟的计算机世界中。例如，迎面行驶的两辆汽车可以在虚拟环境中互相穿过，而不会发生碰撞事件。在自由运动时，用户无须考虑重力、动量和力等要素。

2）运动学运动。运动学运动主要基于零部件之间的配合和连接关系来计算运动结果。通常需要关注位移、速度、加速度和重力等要素。

3）动力学运动。动力学运动主要基于初始输入条件，来计算不同零部件之间的相互关系及运动结果。通常需要考虑实体之间的接触来计算诸如碰撞的效果。

1.3.3　按动画类型划分

在 SOLIDWORKS MotionManager 中，单击【动画向导】图标，将弹出一个【选择动画类型】对话框，如图 1-4 所示。其中包含七种动画类型，分别解释如下：

1）旋转模型。这是最简单的一种动画，而且不需要提前对装配体做任何操作，就可以通过动画向导来完成。用户只需要指定一个旋转轴、旋转次数以及旋转方向（顺时针或逆时针），便可以轻松制作旋转模型动画。

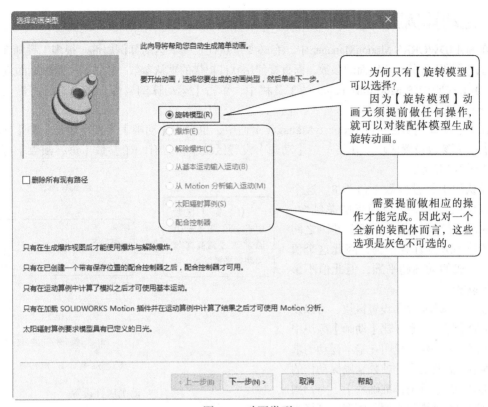

图 1-4　动画类型

2）爆炸。为了可以在向导中激活【爆炸】选项，需要在装配体中提前生成爆炸视图的配置。

3）解除爆炸。和【爆炸】动画一样，【解除爆炸】的动画也需要在装配体中提前生成爆炸视图的配置。在很多情况下，使用【爆炸】动画来表现产品的拆分过程，而通过【解除爆炸】动画来表现产品的组装过程。

4）从基本运动输入运动。这需要在装配体中提前生成一个基本运动，才可以基于这个基本运动生成一个动画。

5）从 Motion 分析输入运动。这需要在装配体中提前生成一个 Motion 分析，才可以基于这个 Motion 分析生成一个动画。

6）太阳辐射算例。这需要提前在装配体中添加一个阳光特征，才可以通过向导生成与阳光变化相关的动画。

7）配合控制器。这需要在装配体中提前插入配合控制器特征，才可以通过向导生成基于配合控制器的动画。

 提醒

上面提到的动画类型，都可以使用"3D 秀秀"产品来展示动画和创建基于动画的交互式体验。将生成的动画上传到"3D 秀秀"的云服务器，可以通过微信扫码的方式自由分享。本书中讲解的所有运动仿真结果，都将上传到"3D 秀秀"的云服务器，并提供二维码，供读者增加阅读体验。关于如何使用"3D 秀秀"这款产品，请详见附录介绍。

1.4 运动算例属性

在 SOLIDWORKS MotionManager 中，有必要重点提及一下运动算例属性。很多工程师在制作动画时，通常不去关心这里面的参数，而直接使用软件提供的默认参数，往往得不到预期的效果。

SOLIDWORKS MotionManager 的工具栏中，单击【运动算例属性】图标⚙，将进入对应的 PropertyManager 页面。

在【运动算例属性】的 PropertyManager 页面中，也分为【动画】、【基本运动】和【Motion 分析】三个参数设置区块。在第一个【动画】设置区块中，只有一个参数【每秒帧数】可以指定，如图 1-5 所示。

默认的【每秒帧数】值为 8。这个值乘以动画长度等于要捕捉的总帧数。因为在动画计算过程中，两个键码之间通过插值的方式计算得到，因此这个值越大，生成的动画越平顺，但此值不影响播放速度。

【动画】区块中唯一可调的选项，通常通过调高来增加动画平滑度。

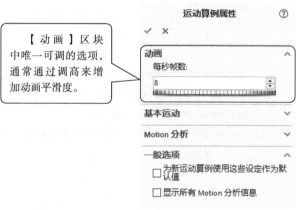

图 1-5　动画属性设置

展开【基本运动】设置区块，可以发现默认的【每秒帧数】比【动画】区块中的默认值要大一倍，说明在基本运动的求解过程中，需要更多的帧数来确保动作的准确捕捉。在【几何体准确度】下方，用户可以通过拖动滑块来调节模型的网格粗细程度。精度越高，网格将越接近实际几何体。例如在碰撞模拟中，更高的网格密度可以使碰撞模拟更准确，但需要更多计算时间。在【3D 接触分辨率】下方，用户可以通过拖动滑块来调节几何体网格内所允许的贯通量。这个值设定得靠左（低）时，表明可在几何体网格内允许更多贯通。相反，这个值设定得靠右（高）时，表明可在几何体网格内允许更少贯通，如图 1-6 所示。

默认的【每秒帧数】比【动画】区块中的默认值要大一倍，说明在基本运动的求解过程中，需要更多的帧数来确保动作的捕捉。

精度越高，网格将越接近实际几何体。例如在碰撞模拟中，更高的网格密度可以使碰撞模拟更准确，但需要更多计算时间。

这个值设定得靠左（低）时，表明可在几何体网格内允许更多贯通。相反，这个值设定得靠右（高）时，表明可在几何体网格内允许更少贯通。

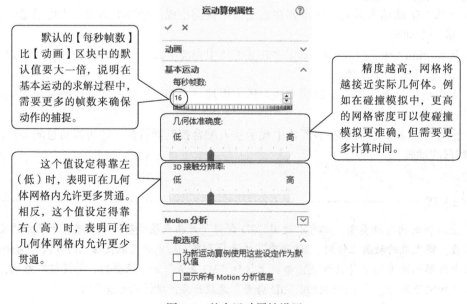

图 1-6　基本运动属性设置

技巧

上面反复强调了【每秒帧数】这个参数的数值，是因为这个默认数值如果设置得不合理，往往会导致计算得不到预期的结果。尤其是在极短时间内发生运动突变时，这个问题就更加突出。这个时候需要大幅提高【每秒帧数】的数值，甚至提高到默认数值的数百倍。当然，提高【每秒帧数】的数值，将占用更多的计算机资源和计算时间，因此需要结合实际算例综合分析。在进行 Motion 分析时，如果【每秒帧数】设定的数值非常高，则应取消勾选【在模拟过程中动画】复选框。否则，程序每计算一帧，对应的动作将在图形区域响应出来，会降低计算机的求解性能。

展开【Motion 分析】设置区块，可以发现默认的【每秒帧数】比【动画】区块和【基本运动】区块中的默认值要高一些，说明在 Motion 分析的求解过程中，需要更多的帧数来确保动作准确捕捉。【Motion 分析】设置区块中还多出了一个【使用精确接触】选项，如图 1-7 所示。这是因为在使用 Motion 分析时，往往对物体的接触面需要更高的精度，单纯提高网格密度已经很难满足这个要求。勾选【使用精确接触】复选框，代表使用实体的方程式计算接触，所计算的接触分析结果更加准确，但计算时间更长。如果不勾选这个选项，则将使用多边形几何体估算接触。

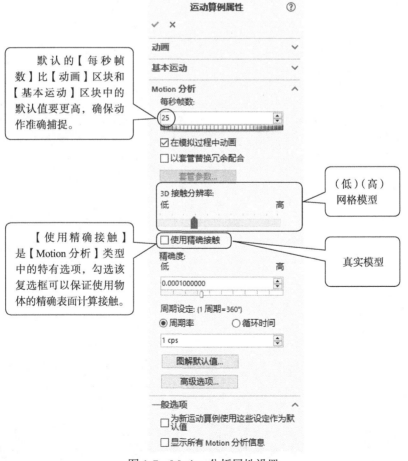

图 1-7   Motion 分析属性设置

采用网格模型无疑会加快计算机求解的速度，但是求解精度会受到影响，它们之间的关系如图 1-8 所示。

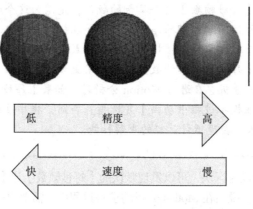

图 1-8　模型精度与求解速度的关系

第2章
SOLIDWORKS 动画基础
2

【学习目标】
1) SOLIDWORKS 动画中帧的作用。
2) SOLIDWORKS 动画中相机的作用。

2.1 SOLIDWORKS 动画中帧的作用

根据维基百科的定义，动画是指由许多帧静止的画面，以一定的速度（如每秒 16 张）连续播放时，肉眼因视觉残像产生错觉，而误以为画面活动的作品。为了得到活动的画面，每个画面之间都会有细微的改变。而画面的制作方式，除了最常见的手绘在纸张或赛璐珞片上，还可运用黏土、模型、纸偶、沙画等。随着计算机科技的进步，现在可以利用动画软件直接在计算机上制作出动画，或者在动画制作过程中使用计算机进行加工，这些方法都已经大量运用在商业动画的制作中。儿童热爱的动画片，就是基于不同图片逐帧播放的结果。

逐帧动画（Frame by Frame）是一种常见的动画形式，其原理是在"连续的关键帧"中分解动画动作，也就是在时间轴的每帧上逐帧绘制不同的内容，使其连续播放而成动画。因为逐帧动画的帧序列内容不一样，不但给制作增加了负担而且最终输出的文件量也很大，但它的优势也很明显：逐帧动画具有非常大的灵活性，几乎可以表现任何想表现的内容，而它类似于电影的播放模式，很适合呈现细腻的动画。在学习动画制作前，需要了解一个非常重要的概念——帧。

 提醒

动画并不意味着物体必须运动。即使物体没有任何运动，只要前后帧画面有改动，都可以生成动画。在 SOLIDWORKS 中，当物体外观、相机位置等发生改变时，都可以制作相应的动画。

图 2-1 活塞机构

下面通过一个简单的动画实例，来理解动画中帧的作用。

2.2 使用关键帧的动画

步骤 1. 打开模型文件

从"第 2 章\起始文件\活塞"文件夹中打开装配体模型"plunger.SLDASM"，如图 2-1 所示。

步骤 2. 激活运动算例

单击 SOLIDWORKS 软件操作界面左下方的【运动算例 1】标签页，确认在【算例类型】

扫码看 3D 动画

扫码看视频

中选择了【动画】，如图 2-2 所示。

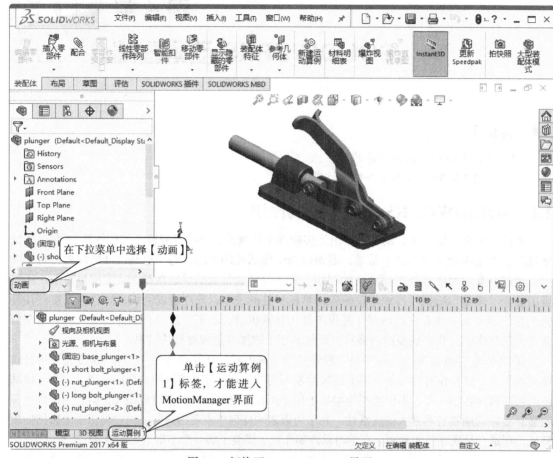

图 2-2　切换至 MotionManager 界面

提醒

　　用户有可能看不到【运动算例 1】标签页，这时候需要进入【工具】→【自定义】，
然后勾选【MotionManager】复选框，如图 2-3 所示。

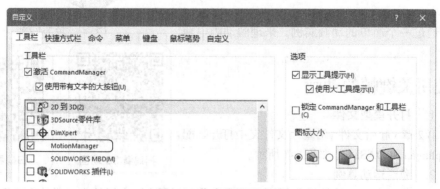

图 2-3　自定义显示选项

步骤 3. 放大时间栏

单击时间栏右下角的【放大】图标 🔍，将时间轴的时间拉长至 10 秒左右，如图 2-4 所示。

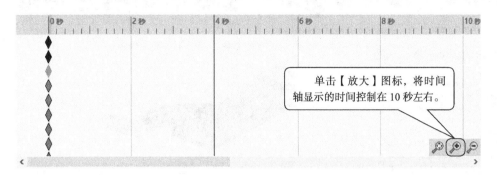

图 2-4　放大时间轴

步骤 4. 将时间指针定位到 0 秒时刻

在时间轴的 0 秒处单击，将设置时间指针到 0 秒时刻，如图 2-5 所示。

步骤 5. 指定零件 "arm left" 的初始位置

单击零件 "arm left" 的一个表面，确认该零件所处的初始位置，如图 2-6 所示。

步骤 6. 将时间指针定位到 5 秒时刻

在时间轴的 5 秒处单击，将设置时间指针到 5 秒时刻。

步骤 7. 移动零件 "arm left"

拖动零件 "arm left" 到图 2-7 所示的大致位置。由于默认情况下激活了【自动键码】功能，因此在对应零件 "arm left" 的时间轴的第 5 秒时刻，将自动生成一个关键帧。

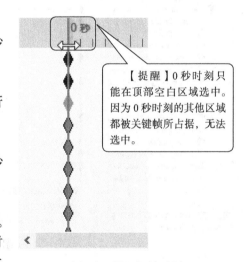

图 2-5　设置初始时刻

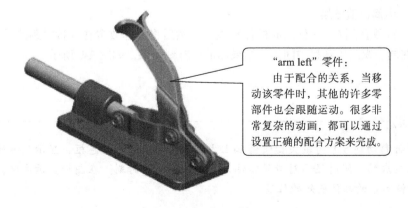

图 2-6　设置初始位置

11 ≪

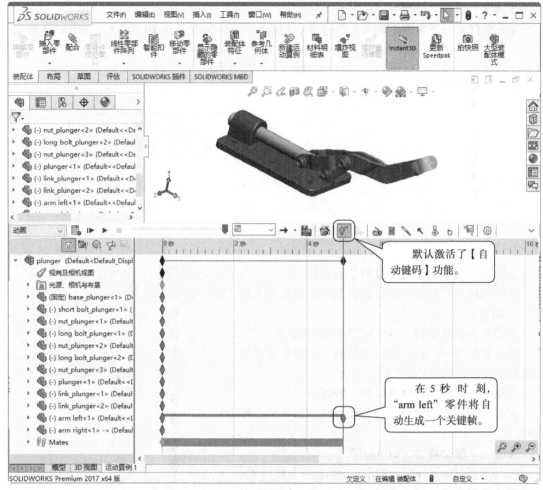

图 2-7　移动零件

步骤 8.　计算运动算例

单击【计算】图标 ，计算并播放动画。与零件"arm left"相关的其他运动部件，将在时间轴中显示从动运动的时间线，如图 2-8 所示。

步骤 9.　中间插值结果

将时间指针放置到 0 ~ 5 秒之间的任意位置，然后将鼠标放置在 5 秒时刻的关键帧键码上方，便可以在同一视图中观察中间插值结果和最后时刻结果，如图 2-9 所示。

提醒

当鼠标移动到 5 秒时刻关键帧键码上方时，会弹出一个信息框，显示关键帧是通过拖动操作生成的，同时显示对应的零件名称以及对应的时刻。在图形显示区域，还会显示该关键帧对应的零件所处的位置。

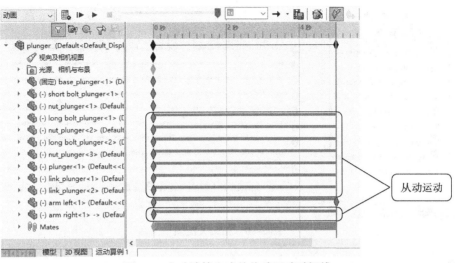

图 2-8　自动计算生成的从动运动时间线

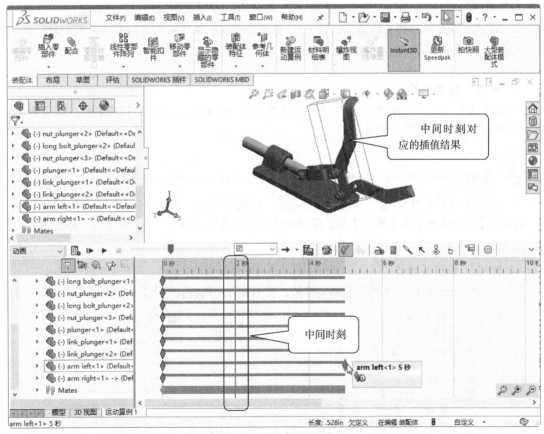

图 2-9　中间插值结果

步骤 10.　复制关键帧

选择零件"arm left"在 0 秒时刻的关键帧，单击右键并选择【复制】。

步骤 11.　粘贴关键帧

将时间指针放置在 10 秒的位置，单击右键并选择【粘贴】，结果如图 2-10 所示。

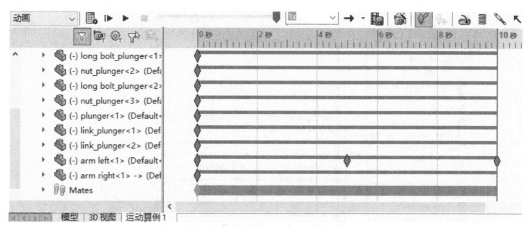

图 2-10　粘贴关键帧

提醒

　　通过将 0 秒时刻的关键帧复制到 10 秒时刻，可以确保运动部件的最终位置和初始位置完全一致；如果通过人工拖动，则很难保证一致性。

步骤 12.　播放动画

单击【从头播放】图标 ▐▶，从头播放完整的动画。如果单击【播放】图标 ▶，则只会从时间指针所处的位置开始播放动画。

提醒

　　单击【计算】图标 ▦，将更新整个动画，以响应最近的更改。如果没有做任何更改，则使用【从头播放】或【播放】后，将回放已经计算得到的动画，回放比计算更加快速。

步骤 13.　编辑关键帧

选择零件"arm left"在 5 秒时刻的关键帧，使用鼠标左键将其拖至 2 秒时刻，如图 2-11 所示。

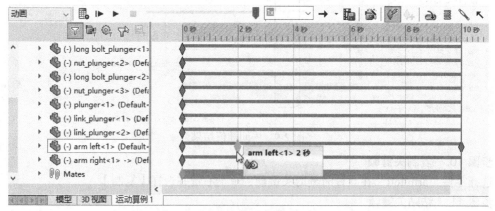

图 2-11　重置关键帧位置

步骤 14. 重新计算动画

由于动画的关键帧发生了更改，因此需要单击【计算】图标，对这个动画进行重新计算。计算完成后再播放新的动画，在 2 秒之前，整个动画的运动速度很快，而在 2 秒之后，整个动画的运动速度明显慢了下来。

步骤 15. 复制拖动关键帧

选择零件 "arm left" 在 2 秒时刻的关键帧，按下 <Ctrl> 键复制该关键帧，并拖动到 5 秒时刻的位置，如图 2-12 所示。

从图 2-12 中可以看到，由于 2 秒时刻的关键帧和 5 秒时刻的关键帧属性信息完全一致，因此 2 ~ 5 秒之间的时间线显示为代表从动运动的黄色更改栏。真正产生运动的区间就分割为 0~2 秒和 5~10 秒。

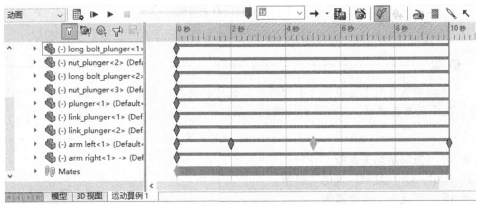

图 2-12 复制拖动关键帧

步骤 16. 重新计算动画

由于动画的关键帧发生了更改，因此需要单击【计算】图标，对这个动画进行重新计算。结果如图 2-13 所示。

动画计算的结果符合预期，即 0~2 秒，机构的手柄完全展开；2~5 秒，整个机构静止不动；而 5~10 秒，机构的手柄恢复到初始位置。

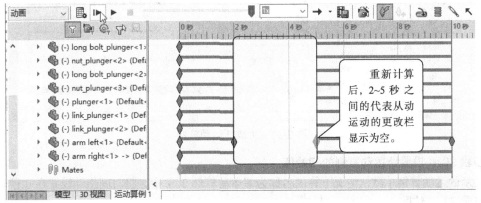

图 2-13 重新计算结果

步骤 17. 选择所有关键帧

在时间线上单击右键，然后从右键菜单中单击【选择所有】选项，如图 2-14 所示。

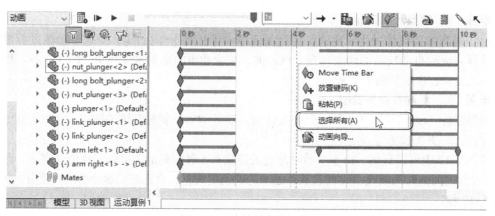

图 2-14　选择所有关键帧

提醒

　　用户如果不使用【选择所有】的功能，也可以使用框选功能，即用鼠标画出一个选择框，选中所有关键帧，可以达到相同的效果。

步骤 18.　复制所选关键帧

按住 <Ctrl + C>，复制所选的关键帧。

步骤 19.　新建一个运动算例

在【运动算例 1】标签页上方单击右键，从右键菜单中选择【生成新运动算例】，如图 2-15 所示。

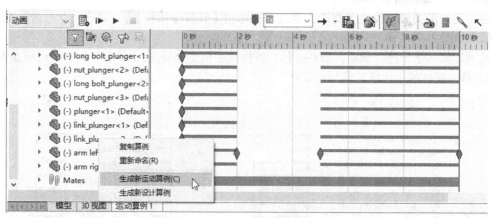

图 2-15　生成新运动算例

步骤 20.　设置新运动算例的初始值

在新的运动算例（默认情况下算例名称为"运动算例 2"）中，将时间指针设置在 0 秒时刻。

步骤 21.　粘贴

单击右键，从右键菜单中选择【粘贴】，结果如图 2-16 所示。

可以看到，【运动算例 2】中关键帧的位置与【运动算例 1】中关键帧的位置完全一致。但是代表从动运动的时间线并没有出现。必须使用【计算】命令重新计算这个新的动画。

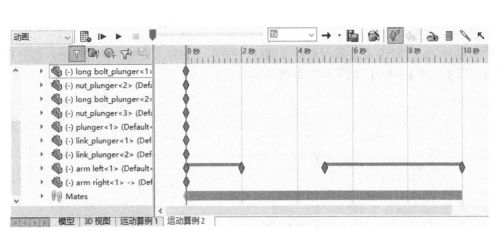

图 2-16 粘贴结果

步骤 22. 重新计算动画

单击【计算】图标 ![icon]，对这个动画重新进行计算。重新计算之后，【运动算例 2】中的动画与【运动算例 1】中的动画就完全一致了，而且缺失的从动运动时间线也出现在了时间线区域中。

提醒

【运动算例 2】的动画设计意图：

1) 两个手柄（arm）在 5 秒之前都可见，然后过渡到 10 秒时的完全隐藏状态。

2) 基座（base）的颜色从 0 秒时的当前状态过渡到 5 秒时的蓝色。

3) 活塞（plunger）从 5 秒之前的上色状态，过渡到 10 秒时的线架图显示状态。

步骤 23. 展开零部件

在 MotionManager 特征管理树中，展开 "arm left" 和 "arm right"，如图 2-17 所示。注意，在每个展开的零部件下方，都会出现移动、爆炸、外观和配合选项。

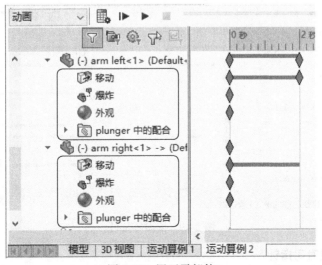

图 2-17 展开零部件

步骤 24. 复制外观

选择零件"arm left"在 0 秒时刻的关键帧，按下 <Ctrl+C> 键复制该关键帧，然后在 5 秒处单击右键并选择【粘贴】，结果如图 2-18 所示。

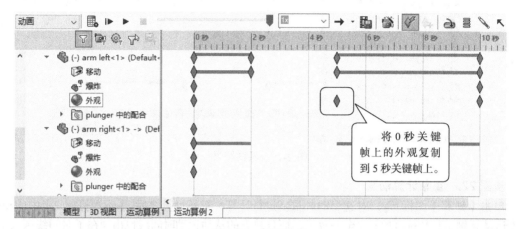

图 2-18 复制外观

步骤 25. 继续复制外观

对于零件"arm right"，重复上一步的操作，将 0 秒关键帧上的外观复制到 5 秒关键帧上。

步骤 26. 设置时间指针

将时间指针设置到 10 秒处。

步骤 27. 隐藏零部件

在 MotionManager 特征管理树中选择零件"arm left"，单击右键，然后从右键菜单中选择【隐藏】。

步骤 28. 继续隐藏零部件

在 MotionManager 特征管理树中选择零件"arm right"，单击右键，然后从右键菜单中选择【隐藏】。结果如图 2-19 所示。

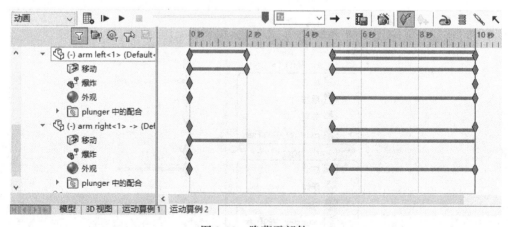

图 2-19 隐藏零部件

步骤 29. 设置时间指针

将时间指针设置到 5 秒处。

提醒

5~10 秒之间出现的更改栏颜色为紫色。绿色代表驱动运动，而黄色代表从动运动。更多有关"更改栏"中颜色代表的意义，请参见 SOLIDWORKS 在线帮助文档。

步骤 30.　选择零部件外观

选择零件"base_plunger"，单击右键，从右键菜单中选择【外观】，如图 2-20 所示。

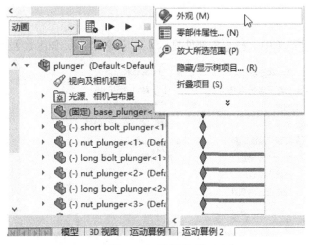

图 2-20　选择外观

步骤 31.　设置颜色

在【颜色】的 PropertyManager 中，从颜色样块中选择蓝色，如图 2-21 所示。

确保在"所选几何体"中选择【应用到零部件层】，这样才能对装配体的零部件更改对应的颜色。

在【标准】样块下方，选择代表蓝色的样块。或直接在 RGB 设置栏中，将代表红、绿、蓝的数值分别设为 0、0、192。

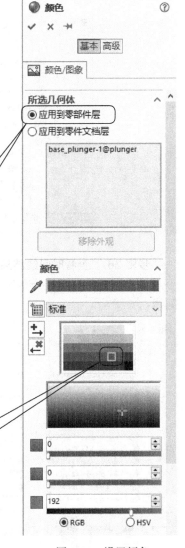

图 2-21　设置颜色

在【颜色】的 PropertyManager 中单击【确定】图标 ✓ 后会发现，零件 "base_plunger" 在 0~5 秒之间会出现一条紫色的时间线，对应的外观关键帧的颜色从 0 秒的棕色过渡到 5 秒的蓝色。

步骤 32.　展开零部件

在 MotionManager 特征管理树中，展开 "plunger"。

步骤 33.　复制外观

复制 "plunger" 在 0 秒时刻的外观关键帧，粘贴到 5 秒时刻。

步骤 34.　设置时间指针

将时间指针设置到 10 秒处。

步骤 35.　设置线架图显示模式

右键单击零件 "plunger"，从右键菜单中选择【零部件显示】→【线架图】，如图 2-22 所示。

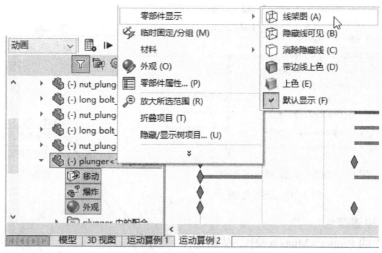

图 2-22　设置线架图显示模式

步骤 36.　查看时间线结果

最终生成的时间线分布如图 2-23 所示，请主要留意前面几步中生成的反映外观的紫色时间线。

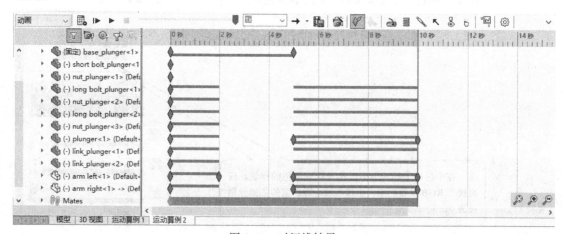

图 2-23　时间线结果

步骤 37.　重新计算动画

由于动画的关键帧发生了更改，因此需要单击【计算】图标 ，对这个动画进行重新计算。所有外观的变化都满足预期。

步骤 38.　压缩键码

选择零件 "base_plunger" 在 5 秒处的关键帧，单击右键并选择【压缩键码】。该关键帧变为灰色，而且更改栏由实心线变为空心线，如图 2-24 所示。

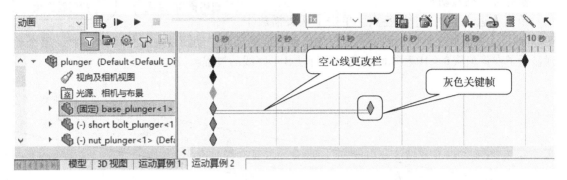

图 2-24　压缩键码结果

步骤 39.　播放动画

单击【从头播放】图标 ▮▶，从头播放完整的动画。

📢 **提醒**

> 由于零件 "base_plunger" 在 5 秒处的关键帧被压缩，因此它对应的颜色并不会从 0 秒的棕色过渡到 5 秒的蓝色。用户所创建的所有关键帧，都可以在 MotionManager 中设置为压缩（只有 0 秒时刻的关键帧不能被压缩）。压缩一个关键帧，将移除该关键帧对当前动画的影响。

2.3　SOLIDWORKS 动画中相机的作用

在创建漫游动画，或表现进入物体内部的动画时，通常需要使用相机。相机视图与工程图的标准视图（主视、俯视、左视等）很相似。可以在一段时间内生成一系列相机视图来定义相机的移动，并围绕模型移动相机来定义动画。

当使用基于相机的技术来生成动画时，在这个动画制作过程中，视图通过移动相机而更改或使用视图方向来指定模型运动。

当使用相机制作动画时，用户设定通过相机视角捕捉的视图，并以围绕模型移动相机的方式，生成键码点。设定视图通过相机视角与移动相机相组合产生一个相机围绕模型移动的动画。

当不使用相机制作动画时，必须为模型在每个视图方向定义键码点。当添加键码点而将视图设定到不同位置时，便可以生成视图方向围绕模型移动的动画。

下面通过一个简单的动画实例，来理解动画中相机的作用。

2.4 使用相机的动画

步骤 1. 打开模型文件

从"第 2 章\起始文件\绕桩吉普"文件夹中打开装配体模型"jeep_through_cones.SLDASM"，如图 2-25 所示。

扫码看 3D 动画　　扫码看视频

步骤 2. 播放动画

单击【运动算例 1】标签页，单击【从头播放】图标▶，从头播放完整的动画。这是事先已经完成的动画。动画设定的时间为 10 秒，整个动画显示了吉普车从 0 ~ 10 秒期间绕交通桩行驶 S 形路线的过程。

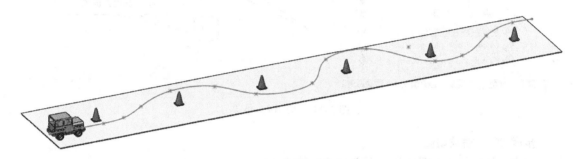

图 2-25　绕桩吉普模型

在这个动画中，只能从远处的一个固定视角观察运动的过程。就好像站在远方的山顶上，观察山脚下汽车的运动一样。为了使动画显得更加真实生动，可以使用相机的功能，来表现吉普车绕桩的这个动画。就好像摄影师扛着一台摄像机，跟随婚车车队拍摄的视频一样。

提醒

在这个事先准备好的动画中，使用了【路径配合】这一高级配合关系，来表现吉普车一直沿着 S 形样条曲线运动的特点。关于这个【路径配合】中各个参数的设置，请参考图 2-26 的设置。

步骤 3. 添加相机

在 MotionManager 设计树中，右键单击【光源、相机与布景】，从右键菜单中选择【添加相机】，如图 2-27 所示。

步骤 4. 设置相机属性

在【相机 1】的 PropertyManager 中，在【目标点】下方，选择吉普车上辅助草图（Sketch40）上的点 1 作为【选择的目标】，在【相机位置】下方，选择辅助草图（Sketch4）上的点 1 作为【选择的位置】。在【相机旋转】下方的【通过选择设定卷数】中，选择"Top Plane"基准面为【沿线性曲线或正视于基准面或平面的相机往上方向】，如图 2-28 所示。

单击【确定】图标 ✓，完成设置。

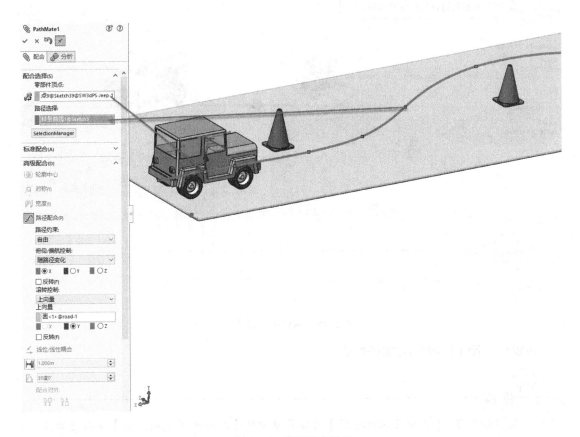

图 2-26　路径配合设置

图 2-27　添加相机

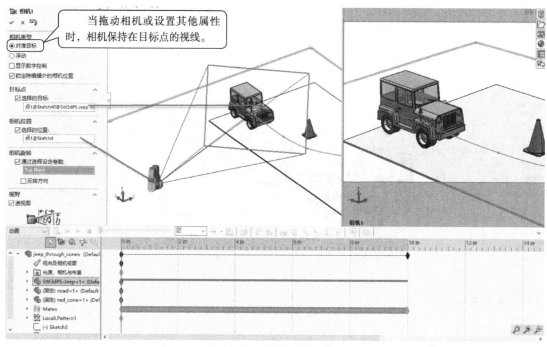

图 2-28　相机属性设置

步骤 5. 取消【禁用观阅键码生成】

 提醒

默认情况下，【视向及相机视图】右键菜单中的【禁用观阅键码生成】选项是激活的。在这个实例中，由于需要使用相机视图，因此需要取消默认激活的状态。

在 MotionManager 设计树中，右键单击【视向及相机视图】，从右键菜单中取消【禁用观阅键码生成】的激活状态，如图 2-29 所示。

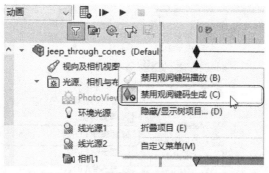

图 2-29　取消【禁用观阅键码生成】

步骤 6. 视图定向至相机视图

在 MotionManager 设计树中，右键单击【视向及相机视图】，从右键菜单中选择【视图定向】→【相机 1】，如图 2-30 所示。

图 2-30　视图定向

确定视图定向为指定相机视图后，图形显示区域将显示为相机 1 捕捉到的镜头画面，如图 2-31 所示。

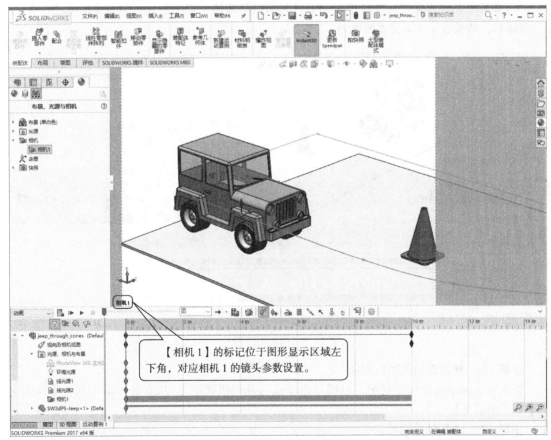

【相机 1】的标记位于图形显示区域左下角，对应相机 1 的镜头参数设置。

图 2-31　相机视图

步骤 7．重新计算动画

单击【计算】图标 <img>，对这个动画重新进行计算。对比之前的动画，这次计算生成的动画，相机一直锁定在吉普车上，而且随着运动轨迹不断变化。

步骤 8. 设置时间指针

将时间指针设置到 0 秒处。

步骤 9. 添加相机

在 MotionManager 设计树中，右键单击【光源、相机与布景】，从右键菜单中选择【添加相机】。

步骤 10. 设置相机属性

在【相机 2】的 PropertyManager 中，在【目标点】下方，选择吉普车上辅助草图（"Sketch40"）上的点 1 作为【选择的目标】，在【相机位置】下方，选择吉普车上辅助草图（"Sketch40"）上的点 2 作为【选择的位置】。在【相机旋转】下方的【通过选择设定卷数】中，选择 "Top Plane" 基准面为【沿线性曲线或正视于基准面或平面的相机往上方向】，如图 2-32 所示。

单击【确定】图标 ✓，完成设置。

 提醒

在这个相机设置中，可以想象一下：相机的位置位于吉普车上，相当于摄影师扛着摄像机，拍摄吉普车正前方的视频。

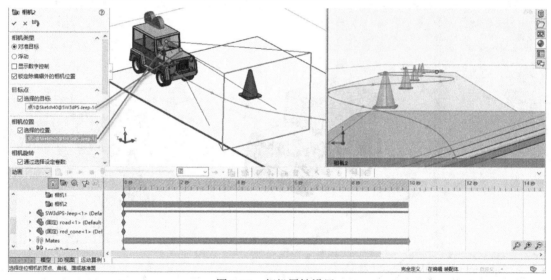

图 2-32 相机属性设置

步骤 11. 视图定向至相机视图

在 MotionManager 设计树中，右键单击【视向及相机视图】，从右键菜单中选择【视图定向】→【相机 2】。

步骤 12. 重新计算动画

单击【计算】图标 ▦，对这个动画重新进行计算。对比之前的动画，这次计算生成的动画，相机置于吉普车的车头，而且随着运动轨迹不断变化。

步骤 13. 设置时间指针

将时间指针设置到 0 秒处。

步骤 14. 添加相机

在 MotionManager 设计树中，右键单击【光源、相机与布景】，从右键菜单中选择【添加相机】。

步骤 15. 设置相机属性

在【相机 3】的 PropertyManager 中，在【目标点】下方，选择代表行驶路径草图（"Sketch3"）中的样条曲线作为【选择的目标】，【沿所选边线 / 直线 / 曲线的百分比距离】设置为 6%。在【相机位置】下方，选择代表行驶路径草图（"Sketch3"）中的样条曲线作为【选择的位置】，【沿所选边线 / 直线 / 曲线的百分比距离】设置为 7%。在【相机旋转】下方的【通过选择设定卷数】中，选择 "Top Plane" 基准面为【沿线性曲线或正视于基准面或平面的相机往上方向】，如图 2-33 所示。

单击【确定】图标 ✓，完成设置。

提醒

> 在这个相机设置中，可以想象一下：相机的位置位于行驶路径上，相当于摄影师在吉普车前面的一辆车上，正对吉普车车头拍摄视频。

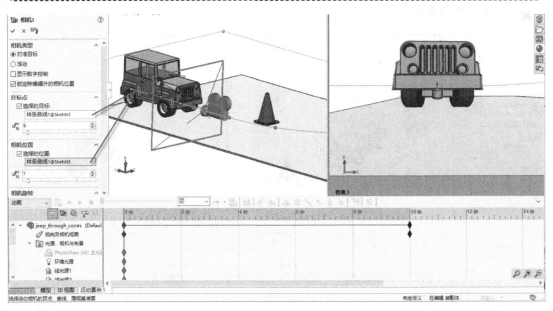

图 2-33 相机属性设置

步骤 16. 设置时间指针

将时间指针设置到 10 秒处。

步骤 17. 编辑相机 3

在 MotionManager 设计树中，展开【光源、相机与布景】，右键单击【相机 3】并选择【属性】。

步骤 18. 设置相机属性

在【相机 3】的 PropertyManager 中将【目标点】和【相机位置】对应的百分比调整为 99% 和 100%。

单击【确定】图标 ✓，完成设置。

步骤 19. 重新计算动画

单击【计算】图标 ，对这个动画重新进行计算。对比之前的动画，这次计算生成的动画，相机从正面锁定了吉普车的车头，而且随着运动轨迹不断变化。

步骤 20. 添加相机

在 MotionManager 设计树中，右键单击【光源、相机与布景】，从右键菜单中选择【添加相机】。

步骤 21. 设置相机属性

在【相机 4】的 PropertyManager 中，分别针对 0 秒、5 秒和 10 秒这三个时刻设置对应的属性。在【相机类型】中选择【浮动】。通过手动调整相机的三重轴来自由拖放每个时刻对应的相机位置，如图 2-34 所示。

单击【确定】图标 ✓，完成设置。

> **提醒**
>
> 使用相机的【浮动】选项，可以最大化激发用户的创造性，在不同的时刻捕捉运动路线上吉普车的不同视角。

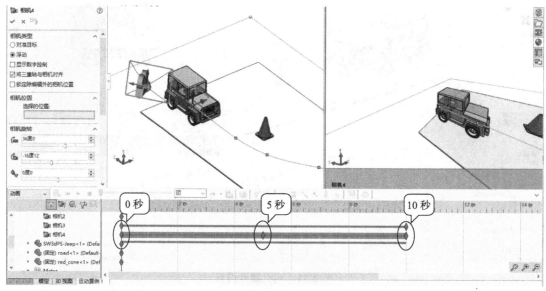

图 2-34　相机属性设置

步骤 22. 重新计算动画

单击【计算】图标 ，对这个动画重新进行计算。对比之前的动画，这次计算生成的动画，相机在不同时刻以不同视角捕捉运动路线上的吉普车，而且视角随着运动轨迹不断变化。

> **提醒**
>
> 在这个相机设置中，可以想象一下：相机不同时刻安放于行驶路径上的不同位置，类似赛车跑道旁边布置的多个相机，最终生成的动画相当于多个相机之间的连续切换。

第3章

SOLIDWORKS 动画向导

【学习目标】

1）学习 SOLIDWORKS 动画向导功能。

2）使用 SOLIDWORKS 动画向导的多个类型生成一个动画。

在第 1 章中已经介绍过通过 SOLIDWORKS 动画向导，可以表现 7 种不同的动画类型。在一个运动算例中，可以包含一个或多个动画类型。

> 除了旋转模型这个动画类型之外，其余六种动画类型都必须生成对应的运动轨迹，才可以使用动画向导完成整个动画的制作。

3.1　组合动画

在这个实例中，将使用 SOLIDWORKS 动画向导的功能，在一个运动算例中，同时包含旋转模型、爆炸、解除爆炸这三种动画类型。

步骤 1.　打开模型文件

从 "第 3 章 \ 起始文件 \ 离合器总成" 文件夹中打开装配体模型 "clutch_assembly.SLDASM"，如图 3-1 所示。

步骤 2.　激活运动算例

单击 SOLIDWORKS 软件界面左下方的【运动算例 1】标签页，确认在【算例类型】中选择了【动画】。

步骤 3.　单击动画向导

在 MotionManager 的工具栏中单击【动画向导】图标，如图 3-2 所示。

扫码看 3D 动画

扫码看视频

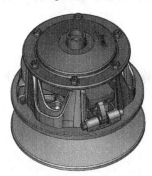

图 3-1　离合器总成

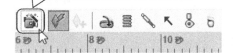

图 3-2　单击【动画向导】

步骤 4. 选择动画类型

在【选择动画类型】对话框中，可以看到【旋转模型】、【爆炸】和【解除爆炸】这三个动画类型的选项都是可选的，如图 3-3 所示。这说明这个装配体模型一定包含有爆炸视图的配置。

图 3-3 选择动画类型

步骤 5. 单击【下一步】按钮

保持默认选中的【旋转模型】，然后单击【下一步】按钮。

步骤 6. 定义旋转轴

在【选择—旋转轴】对话框中，选择【Y-轴】，将【旋转次数】修改为 2，并确保选择了【顺时针】，如图 3-4 所示。

步骤 7. 单击【下一步】按钮

步骤 8. 定义动画控制选项

在【动画控制选项】对话框中，将【时间长度（秒）】修改为 5，【开始时间（秒）】保持为 0，如图 3-5 所示。

图 3-4　定义旋转轴

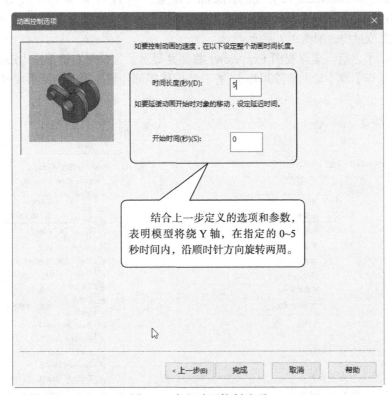

图 3-5　定义动画控制选项

步骤 9.　单击【完成】

在【动画控制选项】对话框中单击【完成】按钮。

步骤 10.　查看时间线

生成的时间线如图 3-6 所示。

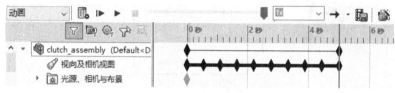

图 3-6　初始时间线

提醒

　　时间线上一共生成了 10 个关键帧。因为之前定义了动画的时间为 5 秒，而且绕 Y 轴旋转两周，因此最后生成的关键帧数量可以由下面的公式计算得出：

$$2 帧 / 秒 \times 5 秒 = 10 帧$$

步骤 11.　爆炸视图

前面提到，之所以可以选择【爆炸】和【解除爆炸】，是因为在这个装配体模型中已经提前生成了爆炸视图。

单击【ConfigurationManager】，展开 Default 配置，可以看到事先生成好的爆炸视图 ExplView1。右键单击【ExplView1】，还可以通过单击【爆炸】或【动画爆炸】，查看装配体零部件爆炸的结果或过程，如图 3-7 所示。

查看爆炸结果之后，爆炸视图 ExplView1 将高亮显示。这时再右键单击【ExplView1】，可以选择【解除爆炸】或【动画解除爆炸】，查看装配体零部件解除爆炸的结果或过程，如图 3-8 所示。

图 3-7　爆炸

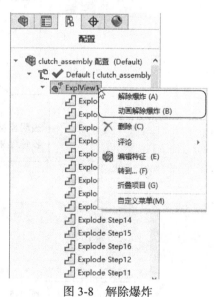

图 3-8　解除爆炸

步骤 12.　再次单击【动画向导】

在 MotionManager 的工具栏中再次单击【动画向导】图标。

步骤 13.　选择动画类型

在【选择动画类型】对话框中，选择【爆炸】，如图 3-9 所示。

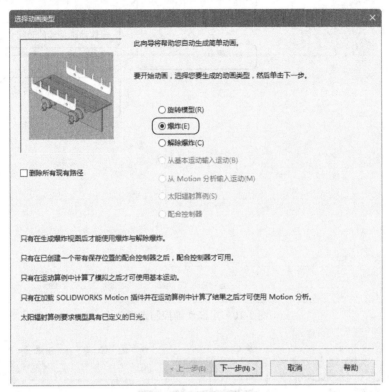

图 3-9　选择动画类型

步骤 14.　单击【下一步】按钮

步骤 15.　定义动画控制选项

在【动画控制选项】对话框中，将【时间长度（秒）】修改为 5，【开始时间（秒）】保持为 5，如图 3-10 所示。

步骤 16.　单击【完成】按钮

在【动画控制选项】对话框中单击【完成】按钮。

步骤 17.　查看时间线

生成的时间线如图 3-11 所示。

提醒

在动画向导中，爆炸动画将自动为每个爆炸的零部件添加关键帧，最终生成的动画与在爆炸视图中看到的结果是一样的。

步骤 18.　计算动画

单击【计算】图标，计算这个爆炸动画。

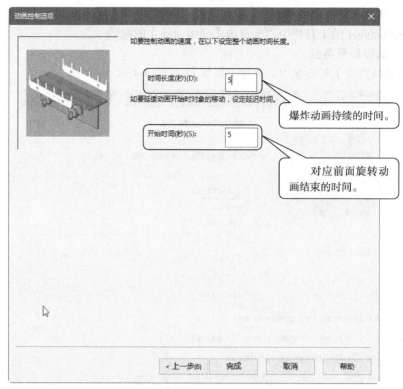

图 3-10 定义动画控制选项

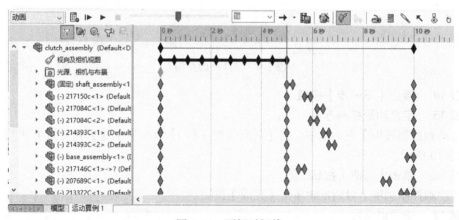

图 3-11 更新时间线

步骤 19. 再次单击【动画向导】图标

在 MotionManager 的工具栏中再次单击【动画向导】图标 📷。

步骤 20. 选择动画类型

在【选择动画类型】对话框中，选择【解除爆炸】，如图 3-12 所示。

步骤 21. 单击【下一步】按钮

步骤 22. 定义动画控制选项

在【动画控制选项】对话框中，将【时间长度（秒）】修改为 5，【开始时间（秒）】保持为10，如图 3-13 所示。

图 3-12　选择动画类型

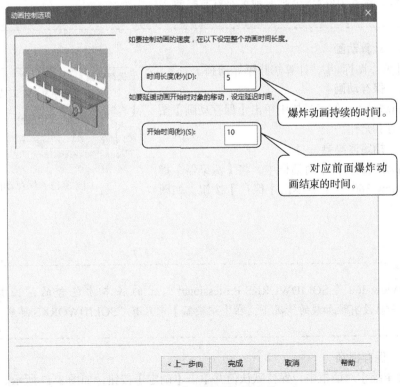

图 3-13　定义动画控制选项

步骤 23. 单击【完成】按钮

在【动画控制选项】对话框中单击【完成】按钮。

步骤 24. 查看时间线

生成的时间线如图 3-14 所示。

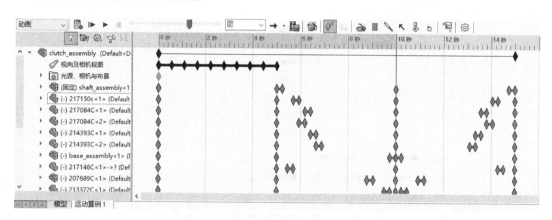

图 3-14 更新时间线

> **提醒**
>
> 解除动画本质上是爆炸动画的逆向过程，因此解除动画对应的关键帧与爆炸动画对应的关键帧，沿着 10 秒这个时间轴是左右对称的。

步骤 25. 计算动画

单击【计算】图标 ![icon]，计算解除爆炸动画。

步骤 26. 保存动画

在 MotionManager 的工具栏中单击【保存动画】图标 ![icon]，如图 3-15 所示。

步骤 27. 指定渲染器

在【保存动画到文件】对话框中，将【渲染器】指定为 "PhotoView 360"，然后单击【保存】按钮，如图 3-16 所示。

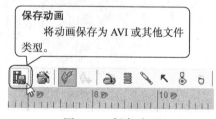

保存动画

将动画保存为 AVI 或其他文件类型。

图 3-15 保存动画

> **提醒**
>
> PhotoView 360 是 SOLIDWORKS Professional 以上的版本才包含的渲染插件。在 PhotoView 360 没有被加载的情况下，在【渲染器】中只有 "SOLIDWORKS 屏幕" 选项。

步骤 28. 保存视频

在【视频压缩】对话框中，保持默认值并单击【确定】按钮，如图 3-17 所示。如果之前没有重新计算运动算例，会弹出提示对话框，单击【是】按钮，如图 3-18 所示。

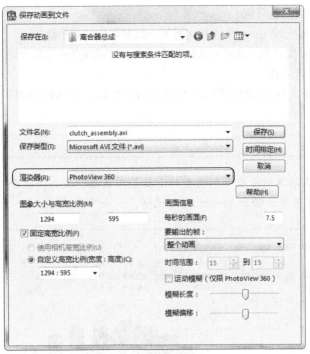

图 3-16 指定渲染器

图 3-17 视频压缩设置

图 3-18 提示信息

步骤 29. 动画进度

【PhotoView 动画进度】对话框随之弹出，如图 3-19 所示。由于之前选用了 PhotoView 渲染器，因此动画视频将使用该渲染器对每一帧画面进行渲染，得到更加逼真的动画视频。当然，这也会耗费更多的计算机资源和运算时间。

步骤 30. 查看动画视频

打开生成的"clutch_assembly.avi"视频文件，可以看到渲染的画面明显好于在 SOLIDWORKS 软件中直接看到的效果。

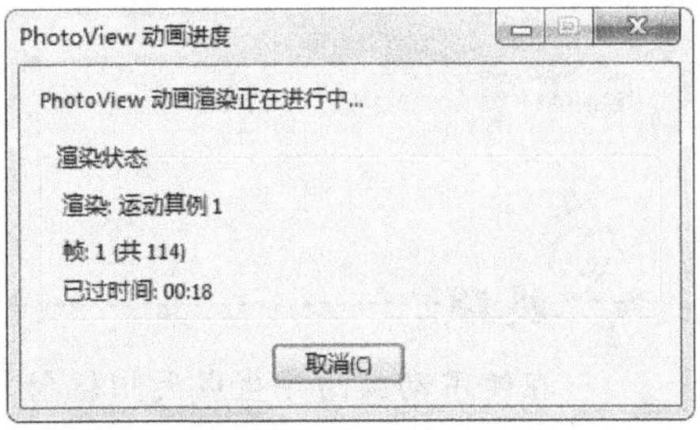

图 3-19 动画进度

3.2 太阳辐射动画

在这个实例中，将使用 SOLIDWORKS 动画向导的功能，在一个运动算例中，介绍如何生成太阳辐射动画。使用 SOLIDWORKS Professional 以上的版本，才可以将阳光应用于 SOLIDWORKS 模型。使用太阳辐射算例，可以对阳光经过模型建筑物、太阳能板和户外设备时太阳的移动轨迹进行仿真。

可以创建两种太阳辐射算例：

1）固定日期，可变时间。显示在指定日期一段时间内的太阳轨迹。

2）固定时间，可变日期。显示在某日期范围内指定时间点的太阳位置。

步骤 1. 打开模型文件

从"第 3 章 \ 起始文件 \ 太阳辐射"文件夹中打开模型"Light.SLDPRT"，如图 3-20 所示。

扫码看视频

提醒

这个模型的运动算例没有算例类型的下拉菜单选项，是因为这个模型是零件而不是装配体，不会出现基本运动和 Motion 分析选项。

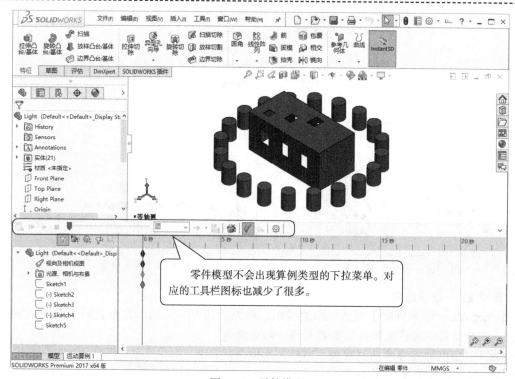

零件模型不会出现算例类型的下拉菜单。对应的工具栏图标也减少了很多。

图 3-20　零件模型

提醒

在使用动画向导生成太阳辐射算例之前，首先需要在光源中添加一个阳光光源。

步骤 2. 添加阳光

在【运动算例 1】对应的 MotionManager 设计树中，右键单击【光源、相机与布景】，从右键菜单中选择【添加阳光】，如图 3-21 所示。

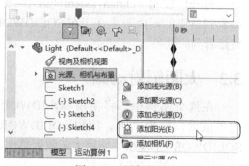

图 3-21　添加阳光

步骤 3. 阳光基本设置

在【阳光】的 PropertyManager 中，包含【基本】和【高级】两个标签页。

在【基本】下方，勾选【在 SOLIDWORKS 和 PhotoView 360 中打开】复选框。在【北】下方，选定房屋左侧顶部的边线作为指向北边的方向，如有必要，请单击【反向】更改南北的位置。在【位置】下拉菜单中，选择【北京】，在【日期】下方，默认值是当天的日期，如需更改，可以手动调整。【一天中的时间】默认值是 12:00:00，如需更改，也可以手动调整。

在【信息】栏中，会显示上面所选项对应的具体信息，包括位置、纬度、经度、时间、日期、日出、日落、日长、每年太阳辐射量、太阳方位角、太阳高度角。

单击【将信息保存到文件】图标，可以将上述信息保存为一个 Excel.csv 文件。

所有设置如图 3-22 所示。

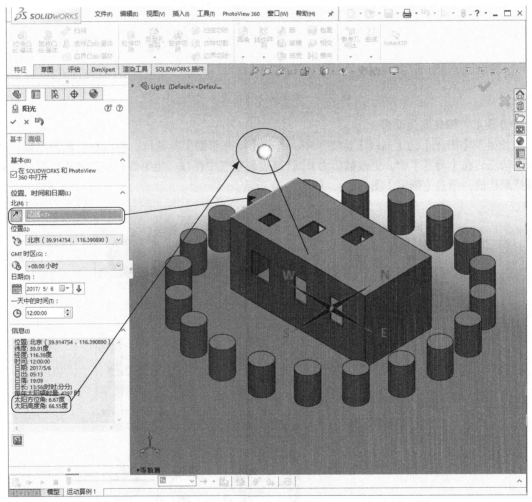

图 3-22 阳光基本设置

太阳的位置是由【太阳方位角】和【太阳高度角】确定的。太阳方位角即太阳所在的方位，指太阳光线在地平面上的投影与当地经线的夹角，可近似地看作竖立在地面上的直线在阳光下的阴影与正南方的夹角。方位角以目标物正北方向为零，顺时针方向逐渐变大，其取值范围是 0° ~ 360°。太阳高度角是指太阳光的入射方向和地平面之间的夹角，专业上讲太阳高度角是指某地太阳光线与通过该地与地心相连的地表切面的夹角，如图 3-23 所示。

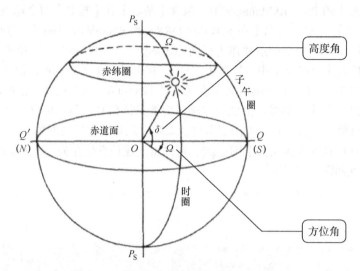

图 3-23　太阳的方位角及高度角

步骤 4．阳光高级设置

切换至【阳光】的【高级】标签页中，勾选【动态帮助】复选框，可以在右侧弹出提示的图文信息。在【薄雾】中，更改数值为 0.3，以表现空气中存在一定雾霾污染的效果。其余参数保持默认值，单击【确定】图标 ✓ ，如图 3-24 所示。

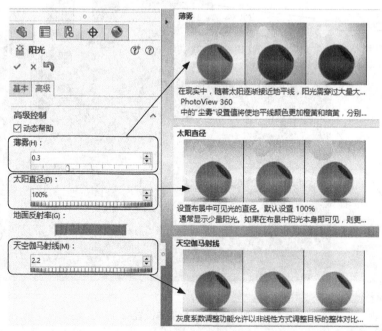

图 3-24　阳光高级设置

步骤 5．查看阳光位置

添加阳光光源后，可以在 DisplayManager 和 MotionManager 设计树中找到它，如图 3-25 所示。

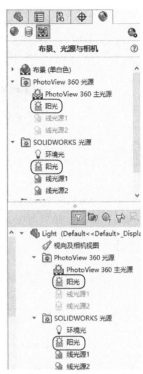

图 3-25　阳光位置

提醒

因为在步骤 3 中勾选了【在 SOLIDWORKS 和 PhotoView 360 中打开】复选框，因此在 PhotoView 360 光源和 SOLIDWORKS 光源中都会出现阳光光源。

步骤 6.　在运动算例中单击动画向导

在 MotionManager 的工具栏中单击【动画向导】图标 。

步骤 7.　选择动画类型

在【选择动画类型】对话框中，选择【太阳辐射算例】，如图 3-26 所示。

步骤 8.　单击【下一步】按钮

步骤 9.　选择太阳辐射算例类型

在【选择太阳辐射算例类型】对话框中，可以看到之前提到的两种太阳辐射算例类型：【固定日期，可变时间】和【固定时间，可变日期】。这里选择第一种类型【固定日期，可变时间】，如图 3-27 所示。

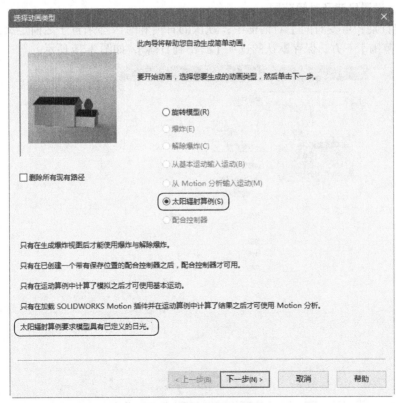

图 3-26　选择动画类型

图 3-27　选择太阳辐射算例类型

步骤 10.　**单击【下一步】按钮**

步骤 11.　**设置日期及时间范围**

在【固定日期，可变时间】对话框中，默认的日期和时区都来自于之前定义的阳光光源。在【选择时间范围】下方，保存默认的选项【日出到日落】，如图 3-28 所示。

图 3-28　设置日期及时间范围

步骤 12.　单击【下一步】按钮

步骤 13.　设置动画控制选项

在【动画控制选项】对话框中，设置【时间长度（秒）】为 10，如图 3-29 所示。

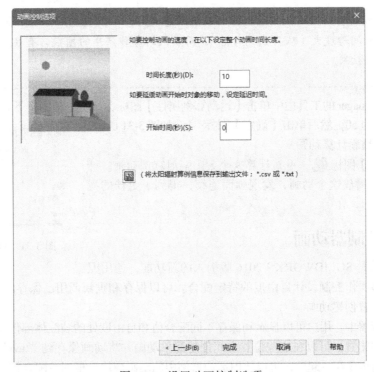

图 3-29　设置动画控制选项

步骤 14.　单击【完成】按钮

步骤 15.　播放动画

单击【播放】图标 ▶，播放整个动画。该动画显示了在 2017 年 5 月 6 日这一天，位于北京的房子在日出到日落期间受到太阳辐射的变化过程。阳光光源对场景的影响直接体现在图形显示区域，而且细节信息也出现在图形显示区域右下角，如图 3-30 所示。

图 3-30　图形显示区域信息

步骤 16．　调整运动算例属性

> **提醒**
>
> 　　默认生成的动画显示很不顺畅，画面跳跃感太大，导致视觉上体验不佳。这是因为太阳辐射的时间跨度大（从日出到日落），而默认的每秒产生的帧数只有 8，不能保证画面连续的动画效果。

　　在 MotionManager 的工具栏中单击【运动算例属性】图标 ⚙，将【动画】下方的【每秒帧数】从默认的 8 更改为 50，然后单击【确定】图标 ✓，如图 3-31 所示。

步骤 17．　重新计算动画

　　单击【计算】图标 ▦，重新计算这个太阳辐射算例动画。计算完成后，再次播放这个动画，发现画面连续，得到了更佳的视觉效果。

图 3-31　设置每秒帧数

3.3　配合控制器动画

　　配合控制器是 SOLIDWORKS 2016 版引入的新功能，使用配合控制器，能够操作控制设计自由度的特定配合。可以保存和重新调用已保存的位置和配合值，并根据保存的位置创建动画。

　　在配合控制器中，用户可以显示和保存不同配合值和自由度处的装配体部件的位置，而无须使用各个位置的配置。可以在这些位置之间创建简单动画并将动画保存到 ".avi" 文件。配合控制器与运动算例集成在一起后，可以使用运动算例中的动画模块，根据在配合控制器中定义的位置创建动画。

　　并不是所有的装配体配合都可以用于定义配合控制器，目前配合控制器只支持如下几种特定的配合类型：

1）角度。

2）距离。

3）LimitAngle。

4）LimitDistance。

5）路径配合（沿路径的距离、沿路径的百分比）。

6）槽口（沿槽口的距离、沿槽口的百分比）。

7）宽度（尺寸、百分比）。

　　下面将通过一个挖掘机的实例，来讲解如何创建一个配合控制器的动画。

扫码看 3D 动画

扫码看视频

步骤 1．　打开模型文件

　　从 "第 3 章 \ 起始文件 \ 挖掘机" 文件夹中打开装配体模型 "Complete.SLDASM"，如图 3-32 所示。

步骤 2．　插入配合控制器

　　在 SOLIDWORKS 菜单栏单击【插入】→【配合控制器】。在弹出的【配合控制器】

图 3-32　挖掘机模型

PropertyManager 中，单击【配合】下方的【收集所有支持的配合】图标，则所有支持的配合都将列出在配合框中，【配合位置】也将列出对应的配合名称及初始数值，如图 3-33 所示。

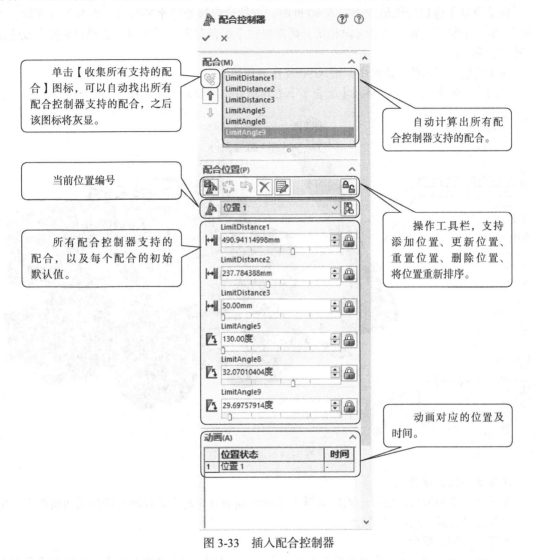

图 3-33　插入配合控制器

提醒

从现有的配合来看，还无法实现对驾驶室（body）部分的旋转控制，以及对前面两个支撑腿（Front support2）的角度控制。为了对上述运动关节进行更好的控制，需要手工添加一些配合关系。

步骤 3.　退出配合控制器编辑页面

单击【退出】图标 ✕，退出【配合控制器】PropertyManager 页面。

步骤 4.　插入配合

在 SOLIDWORKS 菜单栏单击【插入】→【配合】。在【高级配合】下方选择【角度】。在

【配合选择】中分别选择"Front support 2-1"的"Right Plane"基准面，以及"Front support 1-1"的顶面。在角度【最大值】中输入 90 度，在【最小值】中输入 0 度，如图 3-34 所示。

在【角度】旁边的数值框中输入 90 度时，支撑腿应该处于水平位置；而输入 0 度时，支撑腿应该处于竖直位置。如果方向相反，则需要在【配合对齐】下方调整【同向对齐】或【反向对齐】选项。

在【角度】旁边的数值框中，输入 90 度作为初始值。

单击【确定】图标 ✓，将在【配合】下方新增一个"LimitAngle10"的配合项。

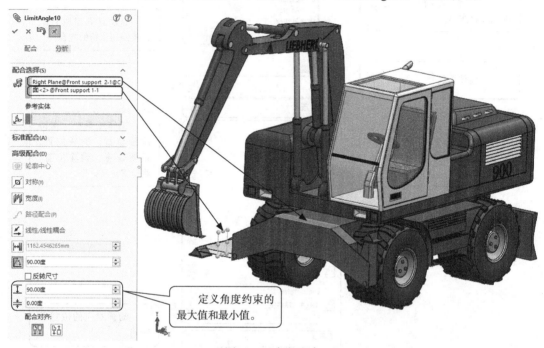

图 3-34 定义配合

步骤 5. 插入配合

按照上一步的方法，对另一侧的支腿（"Front support 2-2"）添加同样的高级角度配合，生成一个新的"LimitAngle11"配合。

步骤 6. 插入配合

在 SOLIDWORKS 菜单栏再次单击【插入】→【配合】。在【高级配合】下方选择【角度】。在【配合选择】中分别选择底盘（"Base"）的"Plane1"基准面，以及车身（"Body"）的"Front Plane"基准面。在角度【最大值】中输入 90 度，在【最小值】中输入 0 度，如图 3-35 所示。

在【角度】旁边的数值框中，输入 0 度作为初始值。

单击【确定】图标 ✓，将在【配合】下方新增一个"LimitAngle12"的配合项。

步骤 7. 插入配合控制器

在 SOLIDWORKS 菜单栏单击【插入】→【配合控制器】。在弹出的【配合控制器】PropertyManager 中，单击【配合】下方的【收集所有支持的配合】图标 ✍，结果如图 3-36 所示。

我们发现，配合列表中新增了三个配合，就是在步骤 4~6 中生成的三个配合，它们都被自动收集到了配合列表中。检查这三个配合的初始值，也与之前定义的数值一致，分别为"LimitAngle10"的 90 度，"LimitAngle11"的 90 度，以及"LimitAngle12"的 0 度。

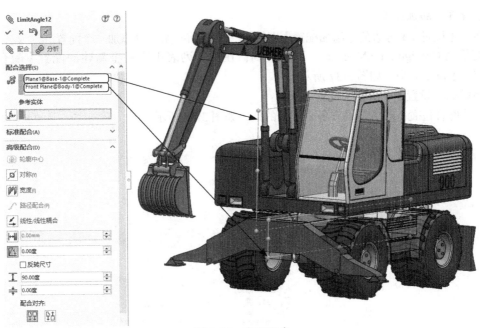

图 3-35　定义配合

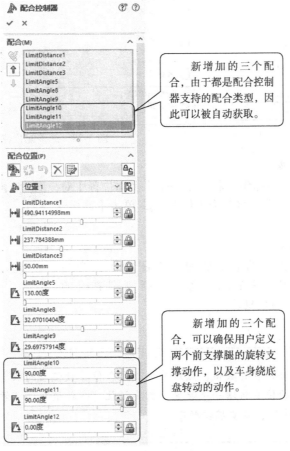

新增加的三个配合，由于都是配合控制器支持的配合类型，因此可以被自动获取。

新增加的三个配合，可以确保用户定义两个前支撑腿的旋转支撑动作，以及车身绕底盘转动的动作。

图 3-36　插入配合控制器

步骤 8.　添加配置

单击【位置 1】旁边的【添加配置】图标👝，为当前初始位置添加一个配置。

切换至 ConfigurationManager，可以看到，在配置列表中有一个新建的配置【配合控制器 位置 1】位于其中，如图 3-37 所示。

步骤 9.　设置下一个配合位置

在【配合位置】下方，设置各个配合的值，如图 3-38 所示。

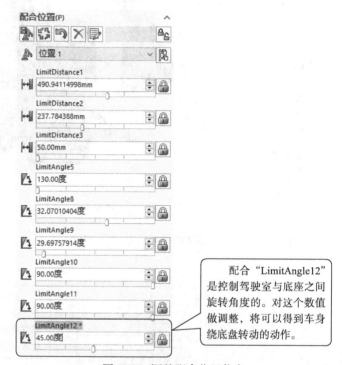

图 3-37　添加配置结果

图 3-38　调整配合位置信息

配合"LimitAngle12"是控制驾驶室与底座之间旋转角度的。对这个数值做调整，将可以得到车身绕底盘转动的动作。

步骤 10.　添加位置

单击【添加位置】图标🔧，将弹出一个【名称位置】对话框，保持默认的【位置名称】为【位置 2】，单击【确定】按钮，如图 3-39 所示。

步骤 11.　添加配置

单击【位置 2】旁边的【添加配置】图标👝，为当前位置添加一个配置。这个配置将会更新刚刚更改的"LimitAngle12"配合位置信息。

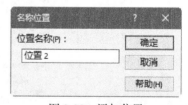

图 3-39　添加位置

技巧

　　请首先修改配合位置的数值，然后为更改配合位置数值后的状态添加一个位置，最后再对这个新添加的位置新增一个配置。需要记住"改数值"→"添加位置"→"添加配置"这三个基本步骤，不要搞错顺序。

再次切换至 ConfigurationManager，可以看到，在配置列表中有一个新建的配置【配合控制器 位置 2】位于其中，如图 3-40 所示。在【配合管理器】的 PropertyManager 中，进入最底部的【动画】栏，单击【计算动画】图标 ▦ˌ，可以观察到车身绕底盘转动 45° 的动画，如图 3-41 所示。

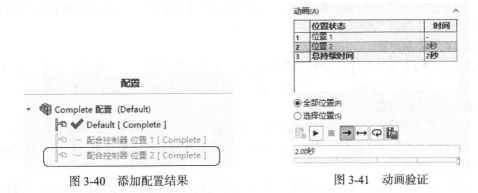

图 3-40　添加配置结果　　　　　　　图 3-41　动画验证

步骤 12.　设置下一个配合位置

在【配合位置】下方，设置各个配合的值，如图 3-42 所示。

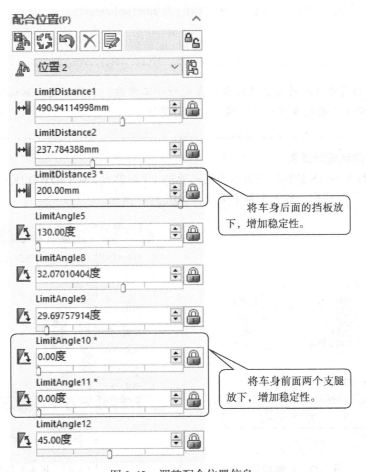

图 3-42　调整配合位置信息

这一次同时对三个配合位置进行了修改。将"LimitDistance3"从初始的50更改到最大值200，保证挡板被完全放下。同时，还将"LimitAngle10"和"LimitAngle11"从初始的90度更改到最小值0度，保证两个支腿垂直于底面，加强支撑的效果。

步骤 13．添加位置

单击【添加位置】图标，将弹出一个【名称位置】对话框，保持默认的【位置名称】为【位置3】，单击【确定】按钮。

步骤 14．添加配置

单击【位置3】旁边的【添加配置】图标，为当前位置添加一个配置。这个配置将会更新刚刚更改的"LimitDistance3""LimitAngle10"和"LimitAngle11"配合位置信息。

步骤 15．计算动画

在【配合管理器】的 PropertyManager 中，进入最底部的【动画】栏，单击【计算动画】图标，可以观察到车身绕底盘转动 45° 的动画、车身后面挡板放下的动画，以及车身前面两个支腿旋转放下的动画。

在不进入运动算例标签页的情况下，也可以通过底部的工具栏实现计算动画、播放动画、导出动画等操作，如图 3-43 所示。

步骤 16．退出配合控制器

单击【确定】图标 ✓，退出【配合控制器】PropertyManager。

提醒

我们鼓励读者可以对更多的配合位置进行手工修改，制作出更加贴近实际效果的动画。制作方法跟上面的步骤一样，这里就不再赘述。

步骤 17．激活运动算例

单击 SOLIDWORKS 软件左下方的【运动算例1】标签页，SOLIDWORKS 将弹出一个【更新初始动画状态】对话框，单击【是】按钮，如图 3-44 所示。

图 3-43　动画验证

图 3-44　提示对话框

步骤 18.　在运动算例中单击动画向导

确认在【算例类型】中选择了【动画】，在 MotionManager 的工具栏中单击【动画向导】图标，并在【选择动画类型】对话框中选择【配合控制器】，如图 3-45 所示。

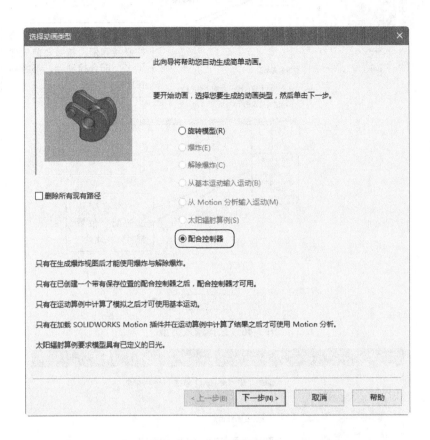

图 3-45　选择动画类型

步骤 19.　单击【下一步】按钮

步骤 20.　选择输入类型

在弹出的【选择输入类型】对话框中，单击【选择配合控制器】列表中的【配合控制器】，并保持【选择输入类型】为默认的【关键点】，如图 3-46 所示。

步骤 21.　单击【下一步】按钮

步骤 22.　设置动画控制选项

在【动画控制选项】对话框中，设置【时间长度】为 10 秒，如图 3-47 所示。

步骤 23.　单击【完成】按钮

步骤 24.　计算动画

单击【计算】图标，计算这个配合控制器动画。该动画跟定义配合控制器时验证的动画结果是完全一致的。

步骤 25.　保存并关闭文件

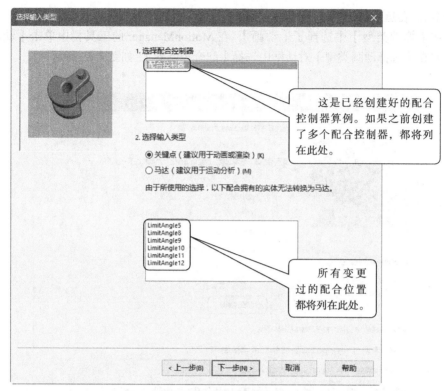

图 3-46　选择输入类型

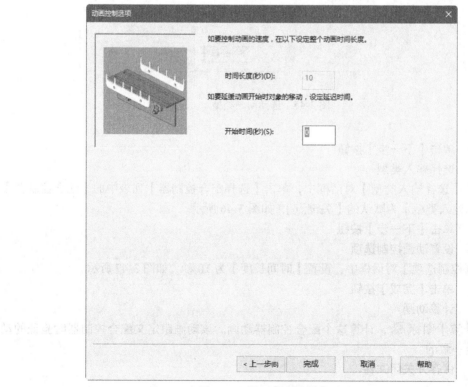

图 3-47　设置动画控制选项

第4章

4

SOLIDWORKS 基于马达的动画

【学习目标】

1）SOLIDWORKS 马达的特点。

2）使用 SOLIDWORKS 马达功能创建动画。

在创建动画的过程中，经常需要使用马达的功能。马达是通过模拟各种马达类型的效果而在装配体中移动零部件的运动算例单元。在 SOLIDWORKS 中，马达包含以下三类：

① 旋转马达：绕轴旋转的马达。

② 线性马达：沿直线运动的马达。

③ 路径配合马达：仅限 Motion 分析，为装配体中选定的路径配合指定实体沿路径移动时的位移、速度和加速度。

下面通过三个实例，来表现通过不同的马达类型创建动画。

4.1 旋转马达动画

在这个实例中，将使用 SOLIDWORKS 旋转马达功能，在一个运动算例中，呈现手表指针的运动过程。

步骤 1.　打开模型文件

从"第 4 章 \ 起始文件 \ 手表"文件夹中打开装配体模型"Watch.SLDASM"，如图 4-1 所示。

步骤 2.　激活运动算例

单击 SOLIDWORKS 软件左下方的【运动算例 1】标签页，确认在【算例类型】中选择了【动画】。

步骤 3.　单击【马达】图标

在 MotionManager 的工具栏中单击【马达】图标 ，如图 4-2 所示。

扫码看 3D 动画　　扫码看视频

图 4-1　手表模型

马达

移动零部件，似乎由马达所驱动。

图 4-2　单击【马达】图标

步骤 4.　设置马达

首先，对手表的时针（Little Hand）指定旋转马达。

在【马达类型】中选择【旋转马达】，在【零部件/方向】栏中，指定时针（"Little Hand"）的内孔表面为【马达位置】。如果旋转方向是逆时针，则需要单击【马达方向】前方的【反向】图标 ↗ 进行纠正，因为手表的指针都是按照顺时针方向运动。

在【要相对此项而移动的零部件】中，单击固定表面上的任意位置。

在【运动】栏中，保持默认的【等速】选项，并在速度栏输入 1RPM[⊖]，代表时针转动的速度，如图 4-3 所示。

单击【确定】图标 ✓，完成设置。

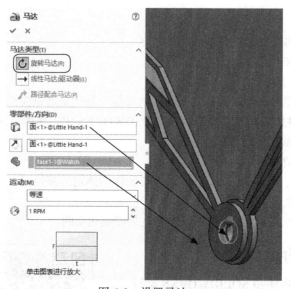

图 4-3 设置马达

步骤 5. 单击【马达】图标

在 MotionManager 的工具栏中单击【马达】图标 。

步骤 6. 设置马达

接下来，对手表的分针（"Big Hand"）指定旋转马达。

在【马达类型】中选择【旋转马达】，在【零部件/方向】栏中，指定分针（"Big Hand"）的内孔表面为【马达位置】，如果旋转方向是逆时针，则需要单击【马达方向】前方的【反向】图标 ↗ 进行纠正，因为手表的指针都是按照顺时针方向运动。

在【要相对此项而移动的零部件】中，单击固定表面上的任意位置。

在【运动】栏中，保持默认的【等速】选项，并在速度栏输入 12RPM，代表分针转动的速度，如图 4-4 所示。

📢 *提醒*

因为时针和分针转动的速度相差 12 倍，所以此时在速度栏中输入的速度为 12RPM，保证时针和分针运动的快慢是符合视觉感受的。

$$1RPM \times 12 = 12RPM$$

⊖ RPM 即 r/min。

单击【确定】图标 ✓，完成设置。

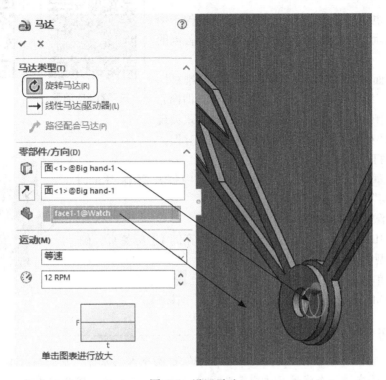

图 4-4　设置马达

步骤 7.　计算动画

单击【计算】图标 ，计算这个旋转马达动画。

检查时针和分针运动的速率和方向是否和预期的一样，如果计算得到的动画不符合预期，需要对之前定义的旋转马达特征进行编辑修改。

会发现在 MotionManager 设计树中包含两个新建的旋转马达特征，如果需要对这些旋转马达进行编辑，可以右键单击旋转马达特征，并单击【编辑特征】，如图 4-5 所示。

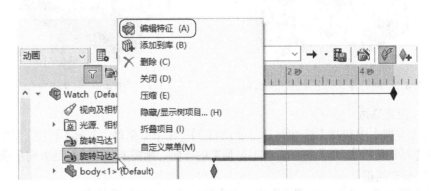

图 4-5　编辑旋转马达特征

步骤 8.　保存并关闭文件

4.2 线性马达动画

鲁班锁，也叫八卦锁、孔明锁，是广泛流传于中国民间的智力玩具，它起源于古代中国建筑中首创的榫卯结构。

现在，市面上有很多不同种类的鲁班锁三维拼插器玩具。这种三维的拼插器具内部的凹凸部分（即榫卯结构）啮合，十分巧妙。下面以一款最简单的鲁班锁玩具为原型，介绍如何通过动画来展现锁具的分解过程。

扫码看 3D 动画　　扫码看视频

步骤 1.　打开模型文件

从"第 4 章 \ 起始文件 \ 鲁班锁"文件夹中打开模型"Knot_ puzzle.SLDASM"，如图 4-6 所示。

步骤 2.　激活运动算例

单击 SOLIDWORKS 软件左下方的【运动算例 1】标签页，确认在【算例类型】中选择了【动画】。

步骤 3.　单击【马达】图标

在 MotionManager 的工具栏中单击【马达】图标 。

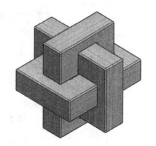

图 4-6　鲁班锁

技巧

首先，需要同时移动"part2"和"part3"这两个木块零件，直到如图 4-7 所示的位置。因为无法在同一个线性马达中定义同时移动两个零部件，因此需要生成两个线性马达，移动相同的距离，如图 4-8 所示的 28.58mm，达到同时移动两个木块的效果。

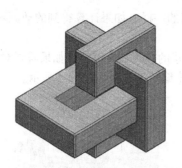

图 4-7　同时移动两个木块后的结果

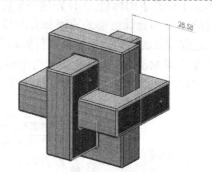

图 4-8　平移距离

步骤 4.　设置马达

在【马达类型】中选择【线性马达（驱动器）】，在【零部件 / 方向】栏中，指定"part2"的侧表面为【马达位置】，如果平移方向不是预期的方向，则需要单击【马达方向】前方的【反向】图标 进行纠正。

在【要相对此项而移动的零部件】中，单击固定的"part1"零件表面上的任意位置。

在【运动】栏中，更改函数选项为【距离】，并在【位移】输入 28.58mm，保持其余数值为默认值，如图 4-9 所示。

单击【确定】图标 ，完成设置。

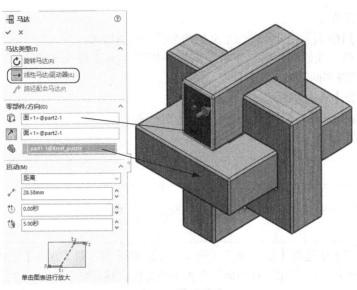

图 4-9　设置马达

步骤 5.　单击【马达】图标

在 MotionManager 的工具栏中单击【马达】图标 。

步骤 6.　设置马达

在【马达类型】中选择【线性马达（驱动器）】，在【零部件 / 方向】栏中，指定 "part3" 的侧表面为【马达位置】，如果平移方向不是预期的方向，则需要单击【马达方向】前方的【反向】图标 进行纠正。

在【要相对此项而移动的零部件】中，单击固定的 "part1" 零件表面上的任意位置。

在【运动】栏中，更改函数选项为【距离】，并在【位移】输入 28.58mm，保持其余数值为默认值，如图 4-10 所示。

单击【确定】图标 ，完成设置。

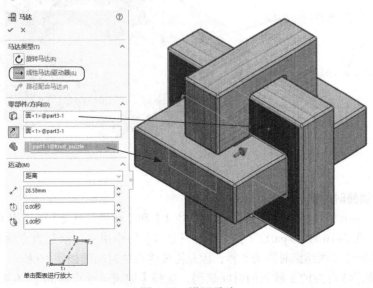

图 4-10　设置马达

步骤 7. 计算动画

单击【计算】图标 ，计算前面定义的两个线性马达结果。

由于在定义两个线性马达时给定的距离大小相同，part2 和 part3 同时沿一个方向移动了 28.58mm，与预期得到的结果一致。

步骤 8. 单击【马达】图标

在 MotionManager 的工具栏中单击【马达】图标。

步骤 9. 设置马达

> **提醒**
>
> 这次将定义一个线性马达，将"part2"向上平移 19.05mm。

在【马达类型】中选择【线性马达（驱动器）】，在【零部件/方向】栏中，指定"part2"的上表面为【马达位置】，如果平移方向不是预期的方向，则需要单击【马达方向】前方的【反向】图标 进行纠正。

在【要相对此项而移动的零部件】中，单击固定的"part1"零件表面上的任意位置。

在【运动】栏中，更改函数选项为【距离】，并在【位移】输入 19.05mm，将【开始时间】和【持续时间】都设定为 5 秒，如图 4-11 所示。

单击【确定】图标 ，完成设置。

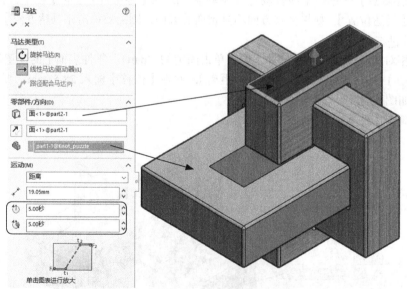

图 4-11 设置马达

步骤 10. 调整时间轴

在 0~5 秒，"part2"和"part3"在【线性马达 1】和【线性马达 2】的作用下，沿水平方向移动 28.58mm，在 5~10 秒，"part2"在【线性马达 3】的作用下，沿竖直方向移动 19.05mm。然而，此时的装配体动画结束时间为 5 秒，因此需要将总的时间增加到 10 秒。

右键单击装配体对应的 5 秒处的时间键码，选择【编辑关键点时间】，在弹出的【编辑时间】对话框中，将默认的 5 秒更改为 10 秒，单击【确定】图标 ，如图 4-12 所示。

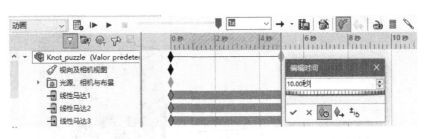

图 4-12　编辑时间

步骤 11.　关闭线性马达

由于【线性马达 1】和【线性马达 2】在 5~10 秒不起作用，因此可以将它们关闭。按住 <Ctrl> 并选择【线性马达 1】和【线性马达 2】，单击右键并从右键菜单中选择【关闭】。

【线性马达 3】只在 5~10 秒起作用，右键单击【线性马达 3】右边 0 秒处的键码，从右键菜单中选择【编辑关键点时间】，将默认的 0 秒更改为 5 秒，单击【确定】图标 ✓，结果如图 4-13 所示。

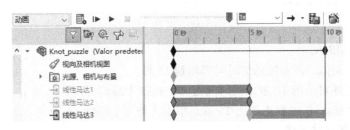

图 4-13　关闭线性马达

提醒

此时 "part3" 已经没有任何遮挡物限制它运动，因此可以先将 "part2" 从前面取出。

步骤 12.　计算动画

单击【计算】图标 📊，计算到目前为止的动画结果。

步骤 13.　单击【马达】图标

在 MotionManager 的工具栏中单击【马达】图标 🔧。

步骤 14.　设置马达

在【马达类型】中选择【线性马达（驱动器）】，在【零部件 / 方向】栏中，指定 part3 的侧表面为【马达位置】，如果平移方向不是预期的方向，则需要单击【马达方向】前方的【反向】图标 ↗ 进行纠正。

在【要相对此项而移动的零部件】中，单击固定的 "part1" 零件表面上的任意位置。

在【运动】栏中，更改函数选项为【距离】，并在【位移】输入 78mm，将【开始时间】设定为 10 秒，【持续时间】设定为 5 秒，如图 4-14 所示。

单击【确定】图标 ✓，完成设置。

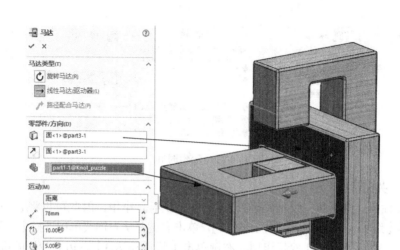

图 4-14　设置马达

步骤 15.　调整时间轴

和上面分析的类似，需要把总的时间增加到 15 秒。

右键单击装配体对应的 10 秒处的时间键码，选择【编辑关键点时间】，在弹出的【编辑时间】对话框中，将默认的 10 秒更改为 15 秒，单击【确定】图标 ✓。

步骤 16.　关闭线性马达

由于【线性马达 3】在 10~15 秒不起作用，因此可以将其关闭。右键单击【线性马达 3】并从右键菜单中选择【关闭】。

【线性马达 4】只在 10~15 秒起作用，右键单击【线性马达 4】右边 0 秒处的键码，从右键菜单中选择【编辑关键点时间】，将默认的 0 秒更改为 10 秒，单击【确定】图标 ✓，如图 4-15 所示。

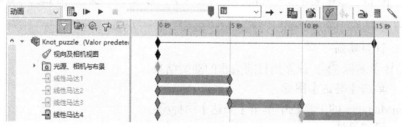

图 4-15　关闭线性马达

步骤 17.　计算动画

单击【计算】图标 ，计算到目前为止的动画结果。

步骤 18.　单击【马达】图标

在 MotionManager 的工具栏中单击【马达】图标 。

步骤 19.　设置马达

在【马达类型】中选择【线性马达（驱动器）】，在【零部件 / 方向】栏中，指定 part2 的上表面为【马达位置】，如果移动方向不是预期的方向，则需要单击【马达方向】前方的【反向】图标 进行纠正。

在【要相对此项而移动的零部件】中，单击固定的 part1 零件表面上的任意位置。

在【运动】栏中，更改函数选项为【距离】，并在【位移】输入 19.05mm，将【开始时间】设定为 15 秒，【持续时间】设定为 5 秒，如图 4-16 所示。

单击【确定】图标 ✓，完成设置。

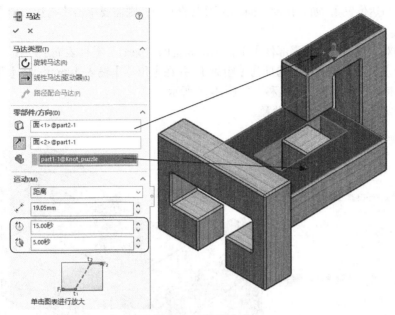

图 4-16　设置马达

步骤 20.　调整时间轴

和上面分析的类似，需要把总的时间增加到 20 秒。

右键单击装配体对应的 15 秒处的时间键码，选择【编辑关键点时间】，在弹出的【编辑时间】对话框中，将默认的 15 秒更改为 20 秒，单击【确定】图标 ✓。

步骤 21.　关闭线性马达

由于【线性马达 4】在 15~20 秒不起作用，因此可以将其关闭。右键单击【线性马达 4】并从右键菜单中选择【关闭】。

【线性马达 5】只在 15~20 秒起作用，右键单击【线性马达 5】右边 0 秒处的键码，从右键菜单中选择【编辑关键点时间】，将默认的 0 秒更改为 15 秒，单击【确定】图标 ✓，如图 4-17 所示。

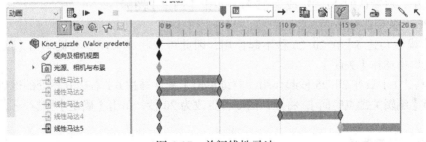

图 4-17　关闭线性马达

步骤 22.　计算动画

单击【计算】图标 ▦，计算到目前为止的动画结果。

步骤 23.　单击【马达】图标

在 MotionManager 的工具栏中单击【马达】图标🠖。

步骤 24.　设置马达

在【马达类型】中选择【线性马达（驱动器）】，在【零部件/方向】栏中，指定"part2"的侧表面为【马达位置】，如果移动方向不是预期的方向，则需要单击【马达方向】前方的【反向】图标 ⬈ 进行纠正。

在【要相对此项而移动的零部件】中，单击固定的"part1"零件表面上的任意位置。

在【运动】栏中，更改函数选项为【距离】，并在【位移】输入 40mm，将【开始时间】设定为 20 秒，【持续时间】设定为 5 秒，如图 4-18 所示。

单击【确定】图标 ✓，完成设置。

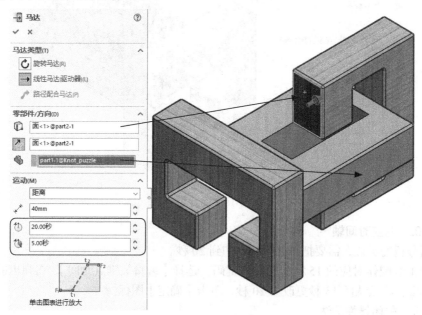

图 4-18　设置马达

步骤 25.　调整时间轴

和上面分析的类似，需要把总的时间增加到 25 秒。

右键单击装配体对应的 20 秒处的时间键码，选择【编辑关键点时间】，在弹出的【编辑时间】对话框中，将默认的 20 秒更改为 25 秒，单击【确定】图标 ✓。

步骤 26.　关闭线性马达

由于【线性马达 5】在 20~25 秒不起作用，因此可以将其关闭。右键单击【线性马达 5】并从右键菜单中选择【关闭】。

【线性马达 6】只在 20~25 秒起作用，右键单击【线性马达 6】右边 0 秒处的键码，从右键菜单中选择【编辑关键点时间】，将默认的 0 秒更改为 20 秒，单击【确定】图标 ✓，如图 4-19 所示。

步骤 27.　计算动画

单击【计算】图标 🖩，计算这个解锁动画。

步骤 28.　保存并关闭文件

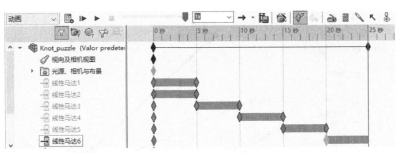

图 4-19　关闭线性马达

4.3　路径配合马达动画

下面将使用路径配合马达，来生成一个模拟钟摆的简单动画。

扫码看 3D 动画

扫码看视频

步骤 1.　打开模型文件

从"第 4 章 \ 起始文件 \ 钟摆"文件夹中打开装配体模型"pendulum.SLDASM"，如图 4-20 所示。

步骤 2.　插入路径配合

单击【插入】→【配合】→【高级配合】，选择【路径配合】。

在【零部件顶点】项中，选择球头顶点。

在【路径选择】中，选择圆弧草图。

图 4-20　钟摆模型

路径配合的所有其他选项都保持默认的【自由】，如图 4-21 所示。

单击【确定】图标 ✔ ，完成设置。

步骤 3.　激活运动算例

单击 SOLIDWORKS 软件左下方的【运动算例 1】标签页，确认在【算例类型】中选择了【Motion 分析】。

📢 **提醒**

　　路径配合马达需要选择【Motion 分析】作为算例类型，否则，在定义马达时，路径配合马达将呈灰显状态。这说明如果要使用路径配合马达，用户必须拥有 SOLIDWORKS PREMIUM 或 SOLIDWORKS SIMULATION 的许可。

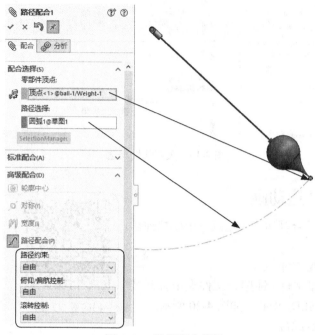

图 4-21　路径配合设置

步骤 4.　单击【马达】图标

在 MotionManager 的工具栏中单击【马达】图标。

步骤 5.　设置马达

在【马达类型】中选择【路径配合马达】。

在【路径配合】栏中，选择配合列表中的【路径配合 1】，【马达方向】和【要相对此项而移动的零部件】中的值会自动填充。

在【运动】栏中，保持默认值，如图 4-22 所示。

单击【确定】图标 ✓，完成设置。

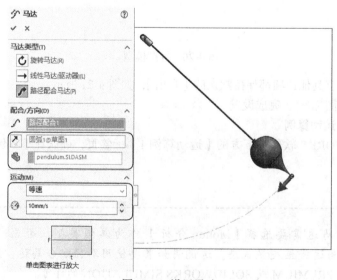

图 4-22　设置马达

步骤 6.　计算动画

单击【计算】图标 ![icon]，计算这个钟摆动画。

按照初始给定的【等速】条件，以及 10mm/s 的速度，摆球在动画结束时刻（5 秒）只运行了一小段距离，明显不满足要求，如图 4-23 所示。

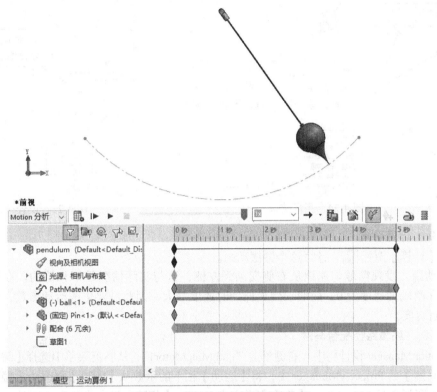

图 4-23　动画结束时刻的摆球位置

步骤 7.　测量摆动行程

为了让摆球从圆弧的一端到达另一端，有几个方法可以选择：

1）增加整个动画的时间。

2）提高摆球运动的速度。

3）更改函数类型。

要想将运动的函数类型从默认的【等速】更改为【距离】，首先需要测量钟摆的摆球在一个摆动行程（对应圆弧草图的弧长）中运动的距离。

在菜单中选择【工具】→【评估】→【测量】，选择圆弧草图，从弹出的【测量】对话框中，得到弧长为 389.61mm，如图 4-24 所示。

步骤 8.　编辑路径配合马达

在 MotionManager 设计树中，右键单击 "PathMateMotor1"，从右键菜单中选择【编辑特征】。

在【马达】的 PropertyManager 中，将【运动】栏下的函数从【等速】更改为【距离】，并将上一步中测量所得的值输入到【位移】中，【开始时间】设定为 0 秒，【持续时间】设定为 5 秒，如图 4-25 所示。

单击【确定】图标 ✔，完成设置。

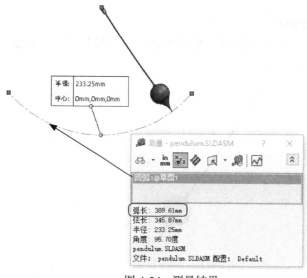

图 4-24　测量结果

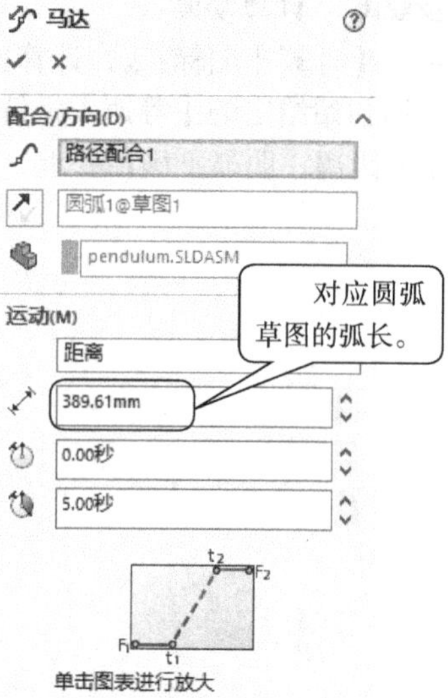

图 4-25　设置马达

步骤 9.　计算动画

单击【计算】图标 ，计算这个钟摆动画。

观察动画，发现摆球匀速地从右侧摆动到左侧，这与实际情况是不相符的。在钟摆运动中，摆球在两端的速度为 0，而摆动到最低处时速度最大。因此需要更改运动参数，使动画结果更加接近真实。

步骤 10.　编辑路径配合马达

在 MotionManager 设计树中，右键单击 "PathMateMotor1"，从右键菜单中选择【编辑特征】。

在【马达】的 PropertyManager 中，将【运动】栏下的函数从【距离】更改为【振荡】，【位移】中输入圆弧弧长 389.61mm，【频率】设定为 0.2Hz，【相移】设定为 0 度，如图 4-26 所示。

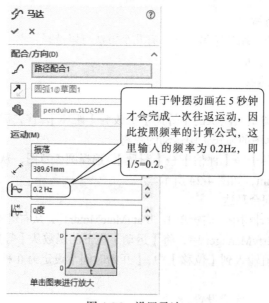

图 4-26　设置马达

单击底部的【单击图表进行放大】，可以得到位移与时间的曲线关系图，如图 4-27 所示。单击【确定】图标 ✓，完成设置。

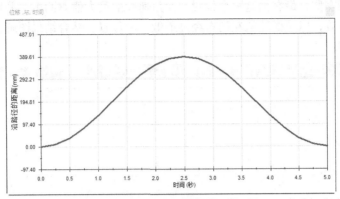

图 4-27　位移时间曲线

步骤 11．　计算动画

单击【计算】图标 📊，计算这个钟摆动画。

这个动画中，摆球从右侧摆动到左侧，然后从左侧摆动到右侧，完成了一个往返行程。而且摆球在两端的速度为 0，在最低点时速度最大。

在 FeatureManager 设计树中，右键单击 "草图 1" 并从右键菜单中选择【隐藏】。

步骤 12．　单击【结果和图解】

在 MotionManager 的工具栏中单击【结果和图解】图标 📈。

在【结果】栏的【类别】中选择【位移 / 速度 / 加速度】，在【子类别】中选择【角速度】，在【结果分量】中选择【幅值】。

在【选取一个或两个零件面或者一个配合 / 模拟单元来生成结果】中选择摆球的锥面，如图 4-28 所示。

单击【确定】图标 ✓，完成设置。

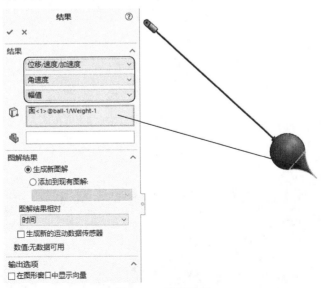

图 4-28　结果设置

步骤 13. 查看结果图解

角速度与时间的曲线如图 4-29 所示。摆球在 0 秒、2.5 秒和 5 秒的速度为 0，这依次对应摆球在最右侧、最左侧、最右侧这三个位置。而角速度的最大值有两个，分别对应摆球从右到左经过最低点的位置，以及摆球从左到右经过最低点的位置。结合结果图解，可以判断计算的动画结果是正确的。

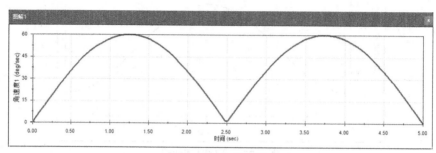

图 4-29　结果图解

步骤 14. 模拟不间断钟摆动画

如果想要模拟钟摆的摆球不间断往复运动的效果，可以在 MotionManager 的工具栏中单击【播放模式】右边的小箭头，并在下拉菜单中选择【播放模式：循环】或【播放模式：往复】。然后单击【从头播放】图标 |▶，体验不间断摆动的动画效果，如图 4-30 所示。

图 4-30　播放模式

步骤 15. 保存并关闭文件

第5章

SOLIDWORKS 基本运动

【学习目标】

1）SOLIDWORKS 基本运动的特点。

2）使用 SOLIDWORKS 基本运动创建动画。

前面几章主要学习了在 SOLIDWORKS 中如何创建动画。在这一章中要开始学习 SOLIDWORKS 基本运动。

之前在创建动画时，不会考虑物体的重力、接触等物理属性，基本上都是通过移动时间轴、定位模型和视口、变换外观属性等方式来创建动画。在基本运动中，必须考虑物体的物理属性，并通过初始的激励来驱动整个模型运动。在运动求解过程中，会考虑装配体各零部件之间的配合关系。

因此，当需要考虑两个物体之间的接触、碰撞特性以及惯性影响时，会选择使用 SOLIDWORKS 基本运动来处理问题。

5.1 分球器动画

在这个实例中，将使用 SOLIDWORKS 基本运动的功能，在一个运动算例中，通过分球装置把大小不同的球体分拣到不同容器中。最后，还将使用动画向导把基本运动的仿真结果制作成动画。

扫码看 3D 动画

扫码看视频

步骤 1. 打开模型文件

从"第 5 章 \ 起始文件 \ 分球器"文件夹中打开装配体模型"Sorter.SLDASM"，如图 5-1 所示。

观察这个装置，发现在入口处有大大小小的球体，它们在重力作用下会沿着滑槽滚动。在出口处有三个收集容器，收集容器上方对应不同宽度的缝隙，当球体经过缝隙时，较小的缝隙会漏下直径较小的球体，而较大的缝隙会漏下直径较大的球体。

步骤 2. 激活运动算例

单击 SOLIDWORKS 软件左下方的【运动算例 1】标签页，确认在【算例类型】中选择了【基本运动】。

步骤 3. 添加引力

因为球体是在重力作用下产生运动的，因此首先需要对整个模型添加重力。在 MotionManager 的工具栏中单击【引力】图标 ⬡，如图 5-2 所示。

步骤 4. 编辑引力

在【引力】的 PropertyManager 中，默认的 Z 方向并不是重力作用的方向，需更改到 Y 方向。如果方向相反，请单击【方向参考】前方的【反向】图标↗。保持默认数字引力值的大小，如图 5-3 所示。

单击【确定】图标 ✓，完成设置。

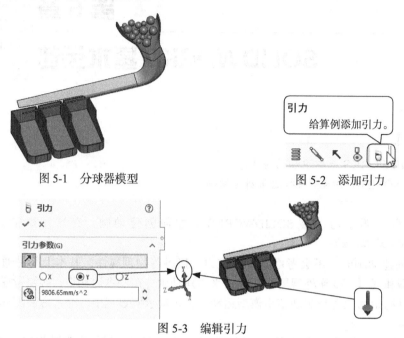

图 5-1　分球器模型

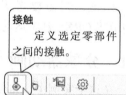

图 5-2　添加引力

图 5-3　编辑引力

步骤 5．添加接触

在 MotionManager 的工具栏中单击【接触】图标 <img>，如图 5-4
所示。

步骤 6．编辑接触

在【接触类型】下方选择【实体】。

不勾选【使用接触组】的选项，单击浮动模型树左侧的向下箭
头展开模型树。按住 <Ctrl> 键，选择模型树中的所有模型，如图 5-5 所示。

图 5-4　添加接触

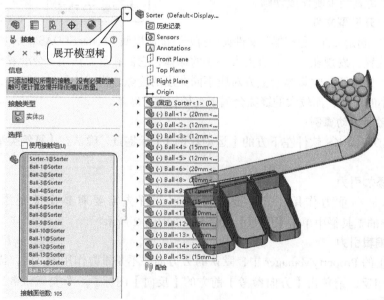

图 5-5　编辑接触

单击【确定】图标 ✓，完成设置。

步骤 7.　计算动画

单击【计算】图标 🖳。

球体分拣结果符合预期，大、中、小三种球体分别进入了不同的收集容器中，如图 5-6 所示。

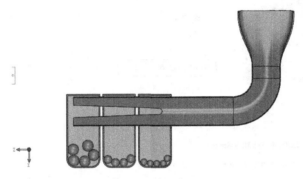

图 5-6　分拣结果

📢 **提醒**

　　在完成基本运动的运动仿真后，其结果可以通过动画向导的方式转为动画。之前通过动画向导完成过旋转模型、爆炸、解除爆炸、太阳辐射算例和配合控制器的动画，这一次，将在一个新的运动算例中，从基本运动来生成动画。

步骤 8.　新建运动算例

在 SOLIDWORKS 底部右键单击【运动算例 1】，从弹出的右键菜单中选择【生成新运动算例】，如图 5-7 所示。

步骤 9.　单击【动画向导】

确保在【运动算例 2】中，【算例类型】为【动画】。在 MotionManager 的工具栏中单击【动画向导】图标 📷。

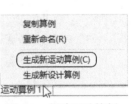

图 5-7　新建运动算例

步骤 10.　选择动画类型

在【选择动画类型】对话框中，选择【从基本运动输入运动】，如图 5-8 所示。

步骤 11.　单击【下一步】按钮

步骤 12.　选择运动算例

在【选取一运动算例】对话框中，选择基于基本运动生成的【运动算例 1】，如图 5-9 所示。

步骤 13.　单击【下一步】按钮

步骤 14.　设置动画控制选项

在【动画控制选项】对话框中，保持默认选项，如图 5-10 所示。

步骤 15.　单击【完成】按钮

步骤 16.　播放动画

单击【播放】图标 ▶，播放整个动画。这个动画与【运动算例 1】中得到的运动仿真结果完全一致。

步骤 17.　保存并关闭文件

图 5-8 选择动画类型

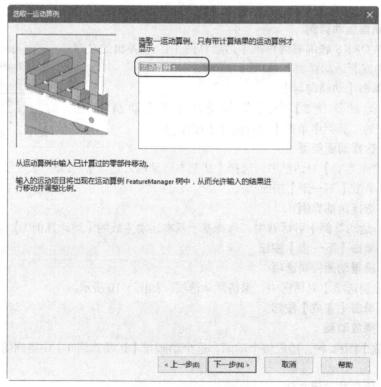

图 5-9 选取运动算例

图 5-10　定义动画控制选项

5.2　击打保龄球动画

保龄球这项运动，要求玩家每次尽可能多地击倒球瓶。下面这个实例，将通过基本运动来模拟击打保龄球的过程。

步骤 1.　打开模型文件

从"第 5 章\起始文件\保龄球"文件夹中打开模型"Bowling.SLDPRT"，如图 5-11 所示。

扫码看 3D 动画

扫码看视频

图 5-11　装配体模型

步骤 2.　激活运动算例

单击 SOLIDWORKS 软件左下方的【运动算例 1】标签页，在【算例类型】中选择【基本运动】。

步骤 3. 添加引力

球体在重力作用下首先产生自由落体运动，因此需要对整个模型添加重力。在 MotionManager 的工具栏中单击【引力】图标 。

步骤 4. 编辑引力

在【引力】的 PropertyManager 中，默认的 Z 方向并不是重力作用的方向，需要更改到 Y 方向。如果方向相反，请单击【方向参考】前方的【反向】图标 。保持默认数字引力值的大小，单击【确定】图标 ✓，完成设置。

步骤 5. 添加接触

在 MotionManager 的工具栏中单击【接触】图标 。

步骤 6. 编辑接触

在【接触类型】下方选择【实体】。

不勾选【使用接触组】的选项，单击浮动模型树左侧的向下箭头展开模型树。按住 <Ctrl> 键，选择模型树中的所有模型（也可以使用鼠标左键框选所有零部件）。

单击【确定】图标 ✓，完成设置。

步骤 7. 添加相机

在 MotionManager 设计树中，右键单击【光源、相机与布景】，从右键菜单中选择【添加相机】，如图 5-12 所示。

步骤 8. 设置相机属性

在【相机 1】的 PropertyManager 中，在【相机类型】下方，选择【对准目标】。然后在相机视图中旋转模型，大致位置如图 5-13 所示。

单击【确定】图标 ✓，完成设置。

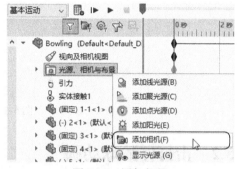

图 5-12 添加相机

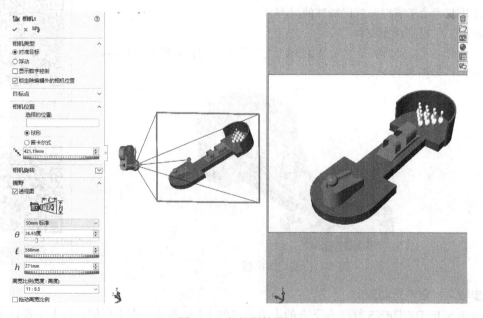

图 5-13 相机属性设置

步骤 9.　取消【禁用观阅键码生成】

提醒

默认情况下，【视向及相机视图】右键菜单中的【禁用观阅键码生成】选项是激活的。在这个实例中，由于需要使用相机视图，因此需要取消默认激活的状态。

在 MotionManager 设计树中，右键单击【视向及相机视图】，从右键菜单中取消【禁用观阅键码生成】的激活状态。

步骤 10.　视图定向至相机视图

在 MotionManager 设计树中，右键单击【视向及相机视图】，从右键菜单中选择【视图定向】→【相机 1】。

步骤 11.　计算动画

单击【计算】图标 ，对这个动画进行计算。

如果需要相机一直锁定在固定视角，可以在结束时刻再次将视图定向至同一相机视角（或不做设置）。如果需要切换到另一个视角，则需要定义不同的相机视角。

步骤 12.　调整动画时间长度

从计算所得的动画来看，整个动画在 3 秒之后就没有更多变化了。因此，可以将动画的时长从默认的 5 秒调整到 3 秒，如图 5-14 所示。

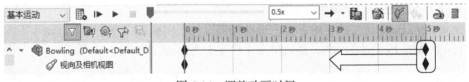

图 5-14　调整动画时间

提醒

如果【视向及相机视图】所对应的相机视图也作用 5 秒的时间，需要首先调整【视向及相机视图】对应的关键点时间。可以使用鼠标拖拽的方式，也可以右键单击键码，并从右键菜单中选择【编辑关键点时间】进行调整。

先调整【视向及相机视图】对应的关键点时间，将其从默认的 5 秒调整到 3 秒。然后再调整整个动画时长对应的关键点时间，将其从默认的 5 秒调整到 3 秒，如图 5-15 和图 5-16 所示。

图 5-15　调整关键点时间

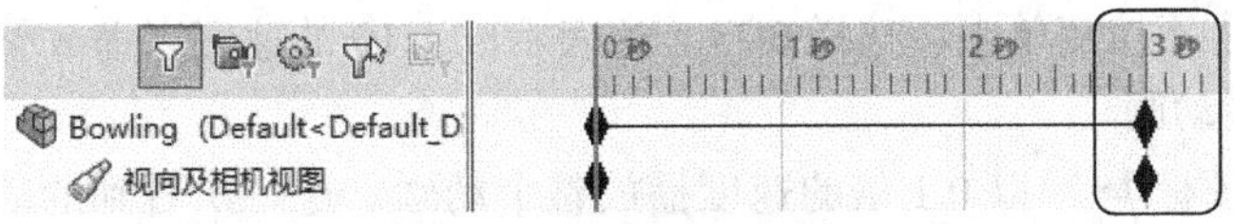

图 5-16　调整关键点时间

步骤 13. **计算动画**

单击【计算】图标 ，对这个动画重新进行计算。这次的动画时间缩短到了 3 秒，但是同样完整地展示了整个动画过程。

观察整个动画的播放过程，发现保龄球的球速太快，导致很难看清楚球体的运动轨迹及碰撞过程，因此有必要降低整个动画的播放速度。

步骤 14. **调整播放速度**

在【播放速度】下拉菜单中，选择 0.5x。这表示以一半的速度来播放整个动画，如图 5-17 所示。

步骤 15. **播放动画**

单击【播放】图标 ▶，以 0.5 倍的速度播放整个动画。这一次看到的动画更加清楚，可以观察更多动画过程中的细节。

> 📢 **提醒**
>
> 当尝试采用更低的播放速度（例如 0.1x）来播放这个动画时，发现整个动画很不流畅，呈现出一帧帧播放的卡顿感觉。这是因为在 1 秒时间内提供的静态图片数量不够。人的肉眼在看超过 24 帧每秒的静态图片就会认为是连续动态视频，因此可以考虑增加基本运动的每秒帧数来改善视觉效果。

步骤 16. **调整运动算例属性**

在 MotionManager 的工具栏中单击【运动算例属性】图标 ⚙，将【基本运动】下方的【每秒帧数】从默认的 16 更改为 160，然后单击【确定】图标 ✓，如图 5-18 所示。

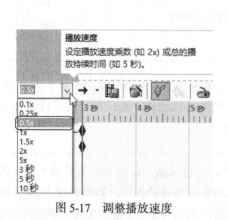

图 5-17 调整播放速度   图 5-18 设置每秒帧数

步骤 17. **计算动画**

单击【计算】图标 🖳，对这个动画重新进行计算。

步骤 18. **调整播放速度**

在【播放速度】下拉菜单中，选择 0.1x。这表示以 1/10 的速度来播放整个动画。

步骤 19. **播放动画**

单击【播放】图标 ▶，以 0.1 倍的速度播放整个动画。这一次看到的动画更加流畅，完全消除了卡顿现象。

步骤 20.　保存动画

在 MotionManager 的工具栏中单击【保存动画】图标 。

步骤 21.　指定渲染器

在【保存动画到文件】对话框中，将【渲染器】指定为 "PhotoView 360"，然后单击【保存】按钮，如图 5-19 所示。

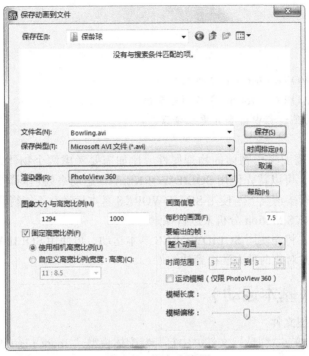

图 5-19　指定渲染器

步骤 22.　保存视频

在【视频压缩】对话框中，将【压缩质量】设定为 100，单击【确定】按钮，如图 5-20 所示。

图 5-20　视频压缩设置

步骤 23.　查看动画视频

打开生成的 "Bowling.avi" 视频文件，可以看到渲染的画面明显好于在 SOLIDWORKS 软件中直接看到的效果。

步骤 24.　保存并关闭文件

第6章

SOLIDWORKS Motion 分析进阶

6

【学习目标】

1）了解 SOLIDWORKS Motion 分析的特点。

2）使用 SOLIDWORKS Motion 分析创建动画。

3）学习在创建动画过程中排查并更正错误。

在基本运动中，需要考虑物体的物理属性。比如需要考虑两个物体之间的接触、碰撞特性，以及惯性影响时，可以首先使用 SOLIDWORKS 基本运动来处理问题。但是，用心的读者可能已经注意到，在很多情况下，使用 SOLIDWORKS 基本运动并不能得到满意的结果。这时，可以使用 SOLIDWORKS Motion 分析来进行探索。

下面的这个例子，将先使用 SOLIDWORKS 基本运动，再使用 SOLIDWORKS Motion 分析来计算其运动轨迹，并对比两种方法得到的结果。

6.1 弹球动画（基本运动）

步骤 1. 打开模型文件

从"第6章\起始文件\弹球"文件夹中打开装配体模型"Bounce Ball.SLDASM"，如图 6-1 所示。在这个实例中，想通过活塞运动，将球体撞击到反弹板，最终反弹进入回收桶中。

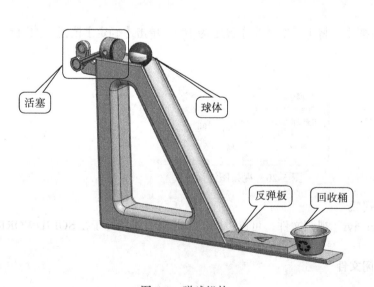

扫码看 3D 动画

扫码看视频

图 6-1　弹球机构

观察这个弹球机构，发现活塞与球体产生接触，支架与球体产生接触，球体与反弹板、球体与回收桶也产生接触。球体受到活塞撞击后，会在空中飞行一段时间，并在重力作用下呈抛物线下落。通过添加引力和接触条件，可以首先考虑采用 SOLIDWORKS 基本运动来处理这个问题。

步骤 2．激活运动算例

单击 SOLIDWORKS 软件左下方的【运动算例 1】标签页，确认在【算例类型】中选择了【基本运动】。

步骤 3．添加引力

球体在空中飞行时，是在重力作用下产生运动的，因此首先需要对整个模型添加重力。在 MotionManager 的工具栏中单击【引力】图标 。

步骤 4．编辑引力

在【引力】的 PropertyManager 中，默认的 Z 方向并不是重力作用的方向，需要更改到 Y 方向，如果方向相反，请单击【方向参考】前方的【反向】图标 。保持默认数字引力值的大小，单击【确定】图标 。

步骤 5．添加接触

在 MotionManager 的工具栏中单击【接触】图标 。

步骤 6．定义活塞与球体的接触

在【接触类型】下方选择【实体】。

不勾选【使用接触组】的选项，单击活塞（"piston"）和球体（"Ball"），如图 6-2 所示。

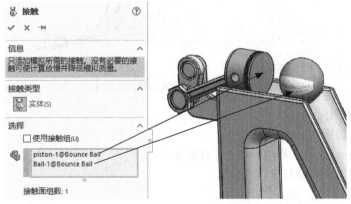

图 6-2　定义活塞与球体的接触

单击【确定】图标 。

步骤 7．添加接触

在 MotionManager 的工具栏中单击【接触】图标 。

步骤 8．定义支架与球体的接触

在【接触类型】下方选择【实体】。

不勾选【使用接触组】的选项，单击支架（"Base"）和球体（"Ball"），如图 6-3 所示。

单击【确定】图标 。

步骤 9．添加接触

在 MotionManager 的工具栏中单击【接触】图标 。

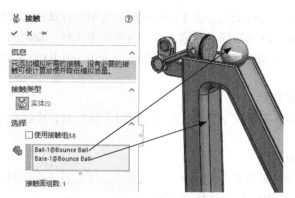

图 6-3　定义支架和球体的接触

步骤 10.　定义反弹板与球体的接触

在【接触类型】下方选择【实体】。

不勾选【使用接触组】的选项，单击反弹板（"Bouncer"）和球体（"Ball"），如图 6-4 所示。

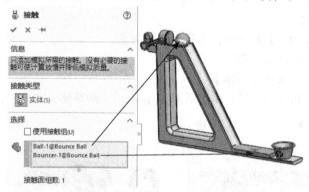

图 6-4　定义反弹板与球体的接触

单击【确定】图标 ✔ 。

步骤 11.　添加接触

在 MotionManager 的工具栏中单击【接触】图标 🔩 。

步骤 12.　定义回收桶与球体的接触

在【接触类型】下方选择【实体】。

不勾选【使用接触组】的选项，单击回收桶（"Bucket"）和球体（"Ball"），如图 6-5 所示。

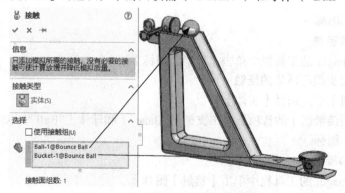

图 6-5　定义回收桶与球体的接触

单击【确定】图标 ✓ 。

步骤 13.　单击马达图标

在 MotionManager 的工具栏中单击【马达】图标 。

步骤 14.　设置马达

在【马达类型】中选择【旋转马达】，在【零部件 / 方向】栏中，指定曲柄（crank）的大圆柱面为【马达位置】，如果旋转方向是逆时针，则需要单击【马达方向】前方的【反向】按钮 进行纠正。

在【运动】栏中，保持默认的【等速】选项，并在速度栏输入 200RPM，如图 6-6 所示。

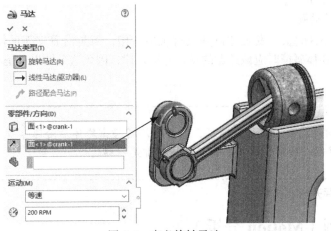

图 6-6　定义旋转马达

单击【确定】图标 ✓ 。

步骤 15.　计算动画

单击【计算】图标 。发现球体沿着水平方向一直飞行，并未在重力作用下下落，因此这个结果明显是不对的。

分析原因，发现在配合列表中，同轴心配合 "Concentric7" 在运动仿真过程中一直起作用，如图 6-7 所示。

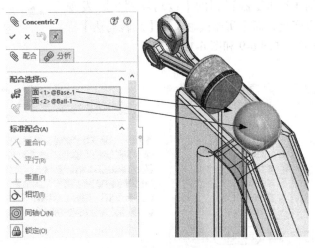

图 6-7　查看同轴心配合

装配体的配合关系优先级高于在运动算例中定义的引力。如果需要考虑引力的影响，需要修改装配体的配合关系。

步骤 16. 压缩配合

确认时间栏位于 0 秒时刻的位置。在【配合】列表中，右键单击 "Concentric7"，并从弹出的右键菜单中选择【压缩】。

步骤 17. 计算动画

单击【计算】图标 📊。发现球体并没有飞出滑槽，而是沿着支架的倾斜滑槽向下滑落。这明显不符合两个物体碰撞时应该遵循的动量守恒定律，因此这个结果也是不对的。

　　读者可以增加旋转马达的角速度，以提高活塞撞击球体后给球体带来的初速度。然而，无论如何修改马达的角速度，错误的结果都是一样的。

步骤 18. 保存并关闭文件

6.2 弹球动画（Motion 分析）

步骤 1. 打开模型文件

从 "第 6 章\起始文件\弹球" 文件夹中打开装配体模型 "Bounce Ball.SLDASM"。

步骤 2. 复制算例

在装配体模型中已经包含之前创建的【运动算例 1】。右键单击【运动算例 1】并选择【复制算例】，如图 6-8 所示。

步骤 3. 对比复制前后的算例

对比【运动算例 1】和复制得到的【运动算例 2】，发现【引力】特征名称没有变化，而【实体接触】和【旋转马达】特征名称的后缀都更新了，如图 6-9 和图 6-10 所示。

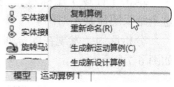

图 6-8　复制算例

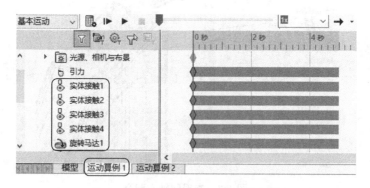

图 6-9　运动算例 1 对应的特征名称

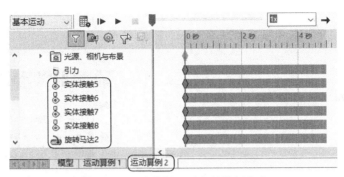

图 6-10　运动算例 2 对应的特征名称

步骤 4.　更改运动算例 2 的算例类型

在【运动算例 2】中，单击【算例类型】并从下拉菜单中选择【Motion 分析】，如图 6-11 所示。

步骤 5.　计算动画

单击【计算】图标 📊。

在球体下落过程中，观察到球体穿透了反弹板（大约发生在 0.6 秒），如图 6-12 所示，这在真实过程中是不存在的。

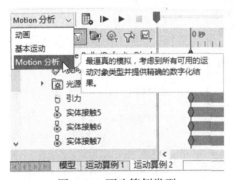

图 6-11　更改算例类型

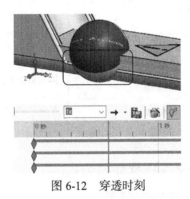

图 6-12　穿透时刻

步骤 6.　调整运动算例属性

在 MotionManager 的工具栏中单击【运动算例属性】图标 ⚙，在【Motion 分析】栏，勾选【使用精确接触】复选框，如图 6-13 所示。

单击【确定】图标 ✓。

步骤 7.　计算动画

单击【计算】图标 📊。

这一次，球体没有穿透反弹板，但是仍然没有达到预期的目的。分析原因，发现在【基本运动】中，定义的【实体接触】并不能指定物体的材质，因此不能体现不同材质的物体在碰撞过程中产生的弹性。而在【Motion 分析】中，可以指定相互接触的物体不同的材质属性，从而得到更好的碰撞效果。

步骤 8.　编辑实体接触 5

在 MotionManager 设计树中右键单击【实体接触 5】并选择【编辑特征】。

发现【材料】复选框是默认勾选的。对活塞（piston）和球体（Ball）分别指定为【Steel（Dry）】和【Rubber（Dry）】，其余选项保持默认值，如图 6-14 所示。

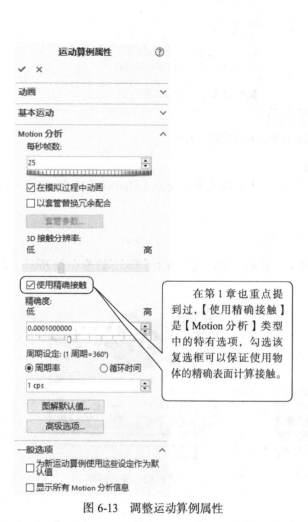

图 6-13　调整运动算例属性

图 6-14　指定接触材料

单击【确定】图标 ✓。

 提醒

在【材料】下方指定的材料是不区分先后顺序的。也就是说，二者的顺序可以颠倒。在这个例子中，指定第一个材料为【Rubber（Dry）】，第二个材料为【Steel（Dry）】，得到的结果相同。

步骤 9. 计算动画

单击【计算】图标 ▥。

发现这次球体在受到活塞撞击后，直接飞离了支架，并没有沿支架的倾斜滑槽向下滑落，这是希望得到的结果。但是球体在接触反弹板时，并没有按照预期向上反弹。可以跳开【实体接触 6】，而重新定义【实体接触 7】的材料属性。

步骤 10.　编辑实体接触 7

在 MotionManager 设计树中右键单击【实体接触 7】并选择【编辑特征】。

发现【材料】复选框是默认勾选的。对球体（Ball）和反弹板（Bouncer）分别指定为【Rubber（Dry）】和【Steel（Dry）】，其余选项保持默认值，如图 6-15 所示。

单击【确定】图标 ✓。

步骤 11.　计算动画

单击【计算】图标 ▦。

这次观察到，球体接触反弹板后会向上反弹，但是反弹的高度和距离不够，所以最终没有落入回收桶中。

步骤 12.　编辑旋转马达 2

在 MotionManager 设计树中右键单击【旋转马达 2】并选择【编辑特征】。将【速度】从现有的 200RPM 提高到 220RPM（这个速度是靠手动多次测试后得到的数值），如图 6-16 所示。

图 6-15　指定接触材料

图 6-16　指定速度

单击【确定】图标 ✓ 。

步骤 13.　计算动画

单击【计算】图标 ⚙ 。

这次观察到，球体接触反弹板后会向上反弹，而且恰好弹入了回收桶，达到了设计这个动画的要求。这个动画在 2 秒时刻几乎已经结束了，可以将整个动画的时间调整到 2 秒。

步骤 14.　编辑关键点时间

右键单击 5 秒处的关键帧，选择【编辑关键点时间】。在【编辑时间】对话框中输入 2 秒，然后单击【确定】图标 ✓ 。

步骤 15.　播放动画

在 MotionManager 的工具栏中单击【从头播放】图标 ▮▶，整个动画缩短至 2 秒，但是包含了所有需要展示的运动细节。

步骤 16.　保存并关闭文件

6.3　弹球动画（利用配置）

步骤 1.　打开模型文件

从"第 6 章 \ 起始文件 \ 弹球"文件夹中打开装配体模型"Bounce Ball.SLDASM"。

步骤 2.　复制算例

在装配体模型中已经包含之前创建的【运动算例2】。右键单击【运动算例2】并选择【复制算例】，如图6-17 所示。

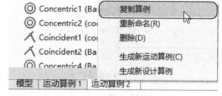

图 6-17　复制算例

步骤 3.　查看运动算例 3

在【运动算例3】中，由于它从【运动算例2】复制而来，因此【算例类型】也继承了【Motion 分析】。检查【实体接触9】（对应【运动算例2】的【实体接触5】）和【实体接触11】（对应【运动算例2】的【实体接触7】），它们的材料属性也完全继承自【运动算例2】。

发现【运动算例3】中对应的动画时间为5秒，需要手工将其更改为2秒，以减少后期计算动画的时间。

步骤 4.　编辑旋转马达 3

在 MotionManager 设计树中右键单击【旋转马达3】并选择【编辑特征】。将【速度】从现有的 220RPM 调整回 200RPM，如图6-18 所示。

前面提到，球体没有按照预期弹入回收桶，是因为球体的初始速度不够，因此通过手工试错的方式，将旋转马达的速度调至220RPM 时，保证球体可以在接触反弹板后弹入回收桶。

如果只是为了满足预期的动画设计效果，可以利用SOLIDWORKS装配体的配合关系，达到相似的运动仿真效果。

单击【确定】图标 ✓ 。

步骤 5.　调整配合

回顾在【运动算例2】中，最初采用 200RPM 的速度时，球

图 6-18　指定速度

体最终没有弹入回收桶中。如果球体在接触反弹板的位置更加靠近回收桶，也许就能使弹起的球体落入回收桶中。因此，可以换一个思路，想办法使球体在下落之前飞行更长一段距离。

　　将时间轴拖至 0 秒时刻，在 MotionManager 设计树中右键单击【配合】中的最后一个配合"Concentric7"，选择【解除压缩】，如图 6-19 所示。

图 6-19　解除压缩配合

　　将时间轴定位到 0.3 秒时刻，在 MotionManager 设计树中右键单击【配合】中的最后一个配合"Concentric7"，选择【压缩】，如图 6-20 所示。

图 6-20　压缩配合

设置完毕，结果如图 6-21 所示。

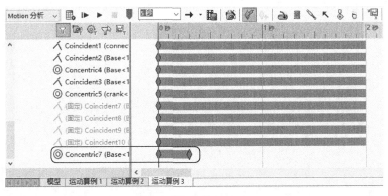

图 6-21　配合作用的时间

步骤 6. 计算动画

单击【计算】图标 ，球体通过反弹最终弹入了回收桶，达到了动画演示的效果。

发现配合 "Concentric7" 持续作用了 0.3 秒时间，在 0 ~ 0.3 秒这个时间段内，球体在配合 "Concentric7" 的作用下，始终与水平滑槽圆柱面同轴心。这可以保证球体在脱离水平滑槽圆柱面后，没有在重力作用下立即下降，而是继续水平飞行一段距离。额外飞行的这一段距离，可以让球体在下落后接触反弹板时，距离回收桶更近，从而满足弹入回收桶的设计目标。

也就是说，重力对球体的作用只发生在 0.3 ~ 2 秒这个时间段。

步骤 7. 保存并关闭文件

第7章
使用设计算例优化运动结果

7

【学习目标】

1）了解 SOLIDWORKS 中的传感器。

2）学习通过设计算例优化运动结果。

3）使用结果和图解来辅助分析。

在第 6 章，为了让球体弹入回收桶中，需要通过不断的手工试错，才能最终确定一个旋转马达的速度，满足动画制作要求。因此为了得到最终的动画效果，必须不断基于计算的结果，修正初始给定的参数数值，这个过程是烦琐耗时的。

在这一章中，要开始学习使用 SOLIDWORKS 的设计算例。在设计算例中，首先需要为每个变量指定数值，设定为离散值或设定值的变化范围，然后使用传感器创建约束和目标。软件运行数值迭代，并报告数值的优化组合，以达到预定目标。生成设计算例可执行优化或评估设计的特定情形。设计算例为优化和估算算例提供统一的工作流程。

SOLIDWORKS 采用 DOE（Design of Experiments），即试验设计的优化方法，它主要研究如何以最有效的方式安排试验，通过对试验结果的分析以获取最佳结果信息。因此，可以把 DOE 优化设计的方法理解成让计算机取代手工矫正的方法，自动地去完成"指定变量→反馈结果→满足目标"的过程。

使用设计算例可以解决大量问题，主要包括：

1）使用任何 Simulation 参数或驱动全局变量来定义多个变量。

2）使用传感器定义多个约束。

3）使用传感器定义多个目标。

4）在不使用仿真结果的情况下分析模型。例如，用户可以通过将装配体的密度和模型尺寸设为变量，体积设为约束，将装配体的质量减至最小。

5）通过定义可让实体使用不同材料作为变量的参数，以此评估设计选择。

下面将模拟篮球运动中一个基本的罚篮动作，来帮助我们学习如何通过设计算例，计算投篮时出手的速度为多大时才能保证可以罚进球。在这个实例中，假定篮球出手时与地面的角度和高度是固定不变的，需要判断出手的速度在多大时，确保篮球可以进入篮筐。在学习本章之前，也许要手工试错多次，才能得到一个合适的速度，在这一章中，将使用设计算例，来帮助我们自动计算得到这个速度。

7.1 模型准备

步骤 1. 打开模型文件

从"第 7 章 \ 起始文件 \ 投篮"文件夹中打开装配体模型"Throw.SLDASM"，如图 7-1 所示。

前面章节中给出的所有实例模型都是事先装配定位好的，因此大家不用关心模型的初始位置。如果通过互联网下载模型，模型有可能不是 SOLIDWORKS 原始格式的，因此在 SOLIDWORKS 打开这些模型装配体时，并不包含配合关系。

在这个模型中，打算从模型准备这个环节开始讲解。

扫码看 3D 动画

扫码看视频

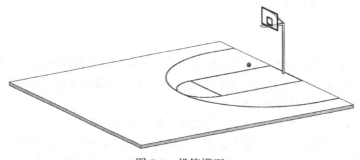

图 7-1 投篮模型

步骤 2. 取消"隐藏所有类型"

在菜单中单击【视图】→【隐藏 / 显示】，不勾选【隐藏所有类型】前面的复选框。在这之后，会显示篮球和篮筐的辅助草图线条。

步骤 3. 添加重合配合

在菜单中单击【插入】→【配合】，选择篮球的右视基准面和篮架装配体的右视基准面，建立【重合】配合，如图 7-2 所示。

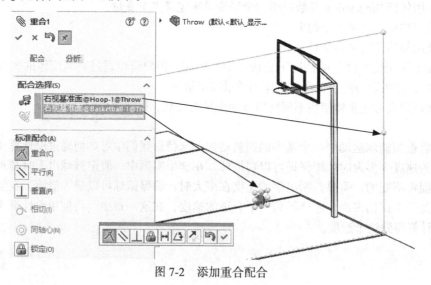

图 7-2 添加重合配合

单击【确定】图标 ✓。

步骤 4. 添加距离配合

在菜单中单击【插入】→【配合】，选择篮球的球心和球场地面，激活【距离】并输入2150mm（模拟球员投篮时篮球离地高度），建立【距离】配合。

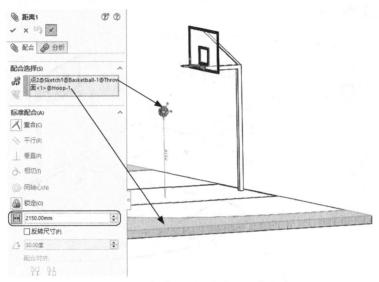

图 7-3 添加篮球离地高度的距离配合

单击【确定】图标 ✔。

步骤 5. 添加距离配合

在菜单中单击【插入】→【配合】，选择篮球的球心和篮板表面，激活【距离】并输入4572mm（模拟球员投篮时篮球离篮板的水平距离），建立【距离】配合。

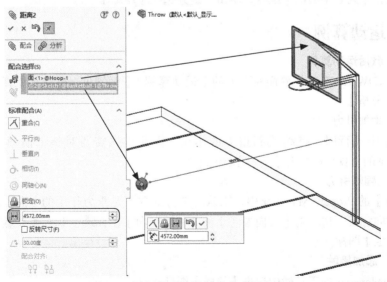

图 7-4 添加篮球离篮板的水平距离配合

单击【确定】图标 ✔。

步骤 6. 添加平行配合

在菜单中单击【插入】→【配合】，选择篮球上的点画线和球场地面，选择【标准配合】

下方的【平行】，如图 7-5 所示。

到此为止，完成了对这个装配体的模型准备。通过添加必要的配合，保证运动的篮球找到一个合适的初始位置。

单击【确定】图标 ✓。

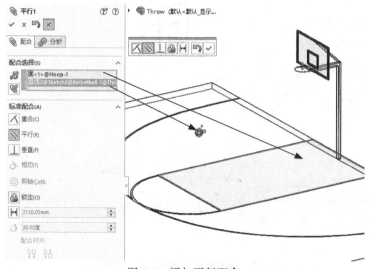

图 7-5　添加平行配合

步骤 7．压缩配合

通过之前生成的四个配合关系，确立了篮球相对篮架的精确位置。在进入运动算例之前，需要将这些配合关系压缩。否则，篮球将被这些配合约束得无法运动。

选择【配合】列表中的四个配合，单击右键并选择【压缩】。

7.2　设置运动算例

步骤 8．激活运动算例

单击 SOLIDWORKS 软件界面左下方的【运动算例 1】标签页，确认在【算例类型】中选择了【Motion 分析】。

步骤 9．添加引力

篮球在空中飞行时，持续受到重力的作用，因此首先需要对整个模型添加重力。在 MotionManager 的工具栏中单击【引力】图标。

步骤 10．编辑引力

在【引力】的 PropertyManager 中，默认的 Z 方向并不是重力作用的方向，需要更改到 Y 方向。如果方向相反，请单击【方向参考】前方的【反向】图标。保持默认数字引力值的大小，单击【确定】图标 ✓。

步骤 11．添加接触

在 MotionManager 的工具栏中单击【接触】图标。

步骤 12．定义活塞与球体的接触

在【接触类型】下方选择【实体】。

不勾选【使用接触组】的选项，在【零部件】中单击固定部件（"Hoop"）和运动部件（"Basketball"）。不勾选【材料】前面的复选框，勾选【摩擦】和【静态摩擦】复选框。在【弹性属性】中选择【恢复系数】，输入数值 0.85，如图 7-6 所示。

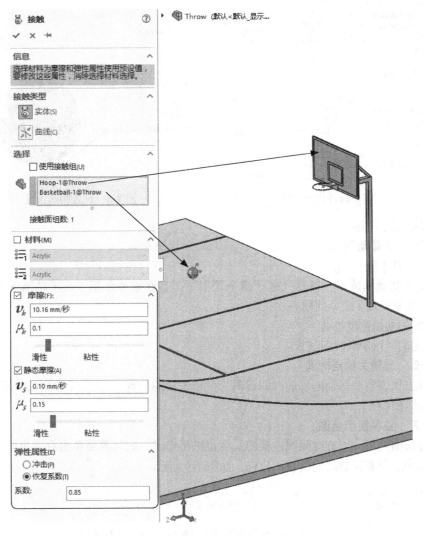

图 7-6 定义接触

单击【确定】图标 ✓ 。

步骤 13. 选择初始速度

在 MotionManager 的设计树中右键单击 "Basketball" 并从右键菜单中选择【初始速度】，如图 7-7 所示。

步骤 14. 设置初始速度

在【初始速度】PropertyManager 中，在【初始线性速度】下方选择与水平面成一定角度的直线段草图，在下方输入 10m/s。在【初始角速度】下方选择 "Basketball" 的 "右视基准面"，并在下方输入 100 RPM（模拟球员投篮出手时，手掌与球面的摩擦力会使篮球在投出之后产生旋转）。

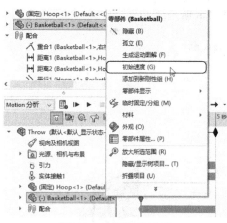

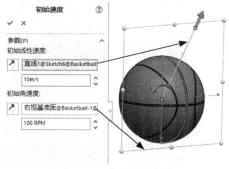

图 7-7　选择初始速度　　　　　　　图 7-8　设置初始速度

单击【确定】图标 ✓ 。

步骤 15.　计算动画

单击【计算】图标 📊 。

在给定的初始速度下，篮球飞越了整个篮架，而且在重力作用下向下坠落了很长一段距离。从这个现象发现了两个问题：

1）给定的初始速度过高。

2）给定的默认动画时间过长。

步骤 16.　编辑关键点时间

右键单击代表整个运动时长的时间键码（位于 5 秒的位置），选择【编辑关键点时间】，输入 1.5 后单击【保存】。

步骤 17.　整屏显示全图

运动时长缩短后，所有时间线占据的长度也被压缩了。此时需要单击右下角的【整屏显示全图】图标 🔍，重新调整时间线视图比例，如图 7-9 所示。

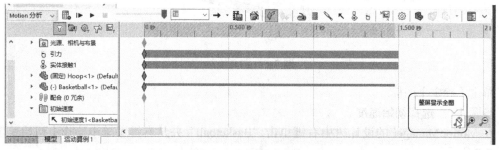

图 7-9　整屏显示全图

步骤 18.　建立跟踪路径

为了更好地观察篮球在空中的运行轨迹，可以建立跟踪路径，直观地帮助了解篮球在每个时刻所处的空间位置。

在 MotionManager 的工具栏中单击【结果和图解】图标 📈，在【结果】下方的【选取类别】中选择【位移 / 速度 / 加速度】，在【选取子类别】中选择【跟踪路径】，在【选取一个点，此外还可选取一个参考零件来生成结果】中选择篮球的球心。在【输出选项】下方勾选【在图形窗口中显示向量】复选框，如图 7-10 所示。

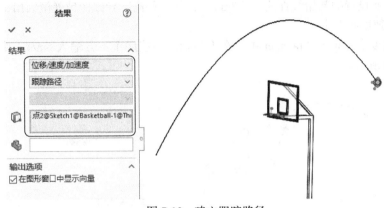

图 7-10　建立跟踪路径

单击【确定】图标 ✓。

步骤 19.　编辑初始速度

在 MotionManager 的设计树中，右键单击【初始速度 1】并从右键菜单中选择【编辑特征】，如图 7-11 所示。

步骤 20.　修改初始速度

因为之前设置的初始线性速度（10m/s）太高，导致篮球越过了篮板。需要降低初始线性速度的大小，寻求更加接近篮板的出手速度。

在【初始速度】PropertyManager 中，在【初始线性速度】下方输入 8m/s。其他设置保持不变，如图 7-12 所示。

图 7-11　编辑初始速度

图 7-12　修改初始速度

单击【确定】按钮。

步骤 21.　计算动画

单击【计算】图标 。

当初始线性速度减小到 8m/s 后，篮球首先撞击到了篮板，反弹后撞击到了篮筐边沿，但是仍未入篮筐，如图 7-13 所示。这个速度明显好于第一次设置的速度，但仍需继续降低初始线性速度。

步骤 22.　编辑初始速度

在 MotionManager 的设计树中，再次右键单击【初始速度 1】并从右键菜单中选择【编辑特征】。

步骤 23. 修改初始速度

因为在上一次设置的初始线性速度（8m/s）仍然有些高，导致篮球弹筐而出，因此需要继续降低初始线性速度的大小。

在【初始速度】PropertyManager 中，在【初始线性速度】下方输入 6m/s。其他设置保持不变，如图 7-14 所示。

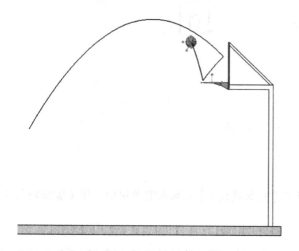

图 7-13　计算所得轨迹

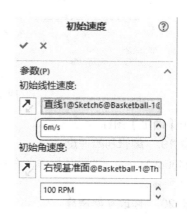

图 7-14　修改初始速度

单击【确定】图标 ✓。

步骤 24. 计算动画

单击【计算】图标 ▦ 。

当初始线性速度减小到 6m/s 后，从跟踪轨迹可以发现，篮球没有碰到篮板，如图 7-15 所示。因此可以判断出手速度又过低了。

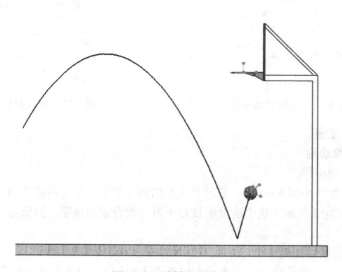

图 7-15　计算所得轨迹

提醒

　　从几次给定初始线性速度值后，可以得到的结论是：初速线性速度应该设置在 6~8m/s 之间。但是，单纯依赖手工逼近迭代，效率十分低下。下面，将使用 SOLIDWORKS 的设计算例，来帮助计算投篮入筐的速度值。

步骤 25.　设置设计算例参数

在添加设计算例之前，首先需要设置设计算例参数。

在菜单中选择【插入】→【设计算例】→【参数】。

在弹出的【参数】对话框中，在【名称】下方输入"速度"，在【类别】下方选择【运动】，然后双击【运动算例 1】中的【初始速度 1】，则【项目选择】中将自动填充【初始速度 1@ 运动算例 1】，在【分量链接】中选择【初始线性速度】，如图 7-16 所示。

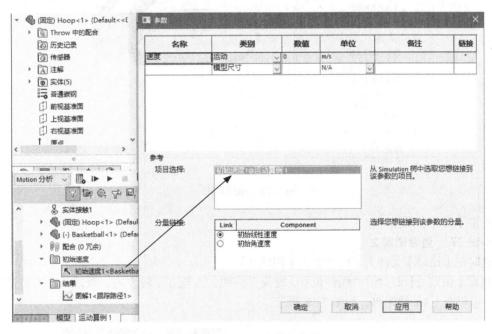

图 7-16　设置设计算例参数

步骤 26.　生成结果图解

为了使用设计算例来帮助计算得到最佳速度，需要时刻监测篮球球心和篮筐中心的距离。当二者之间的距离足够小时，基本上就达到优化求解的目的了。

在 MotionManager 的工具栏中单击【结果和图解】图标 ，在【结果】下方的【选取类别】中选择【位移 / 速度 / 加速度】，在【选取子类别】中选择【线性位移】，在【选取结果分量】中选择【幅值】。在【选取单独零件上两个点 / 面或者一个配合 / 模拟单元来生成结果】中选择代表篮球球心和篮筐中心的点。

在【图解结果】下方选择【生成新图解】，勾选【生成新的运动数据传感器】复选框。在【传感器属性】下方的【准则】中选择【模型最小值】。在【通知我 - 如果值】中选择【小于】

并输入 0.1m。

在【输出选项】下方勾选【在图形窗口中显示向量】复选框，如图 7-17 所示。

图 7-17　结果图解

单击【确定】图标 ✓ 。

步骤 27.　查看图解 2

这时在【结果】文件夹下将新生成【图解 2】。

观察【图解 2】窗口的"线性位移 - 时间"曲线，发现在 1 秒左右，篮球球心离篮筐中心最近，但仍有 1.4m 的距离，如图 7-18 所示。

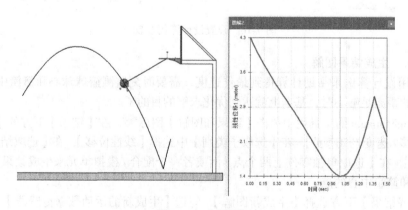

图 7-18　查看图解

步骤 28.　编辑传感器

与此同时，还发现在 FeatureManager 设计树的【传感器】中，新增了一个【位移 1】传感器。

右键单击【位移 1】并选择【编辑传感器】，如图 7-19 所示。

步骤 29.　查看传感器

在【传感器】PropertyManager 中，所有选项与之前定义结果图解【图解 2】时完全一致。保留这些设置不变，单击【确定】图标 ✓，如图 7-20 所示。

图 7-19　编辑传感器

图 7-20　查看传感器

步骤 30.　新建设计算例

有两种方法来生成新的设计算例：

1）从下拉菜单中选择【插入】→【设计算例】→【添加】。

2）右键单击【运动算例 1】，从右键菜单中选择【生成新设计算例】，如图 7-21 所示。

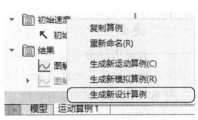

图 7-21　生成新设计算例

步骤 31.　查看设计算例

在【运动算例 1】右侧将出现一个【设计算例 1】标签页。

激活【设计算例 1】，发现其对应的窗口被一分为二。左侧显示的是【设计算例 1】及【结果和图表】，右侧则依次排列有【变量视图】、【表格视图】和【结果视图】三个标签页，如图 7-22 所示。

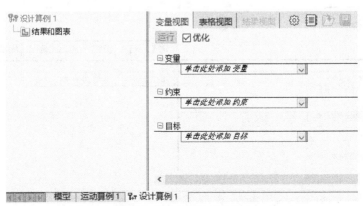

图 7-22　设计算例区域分布

步骤 32. 设置变量视图

在【变量视图】的【变量】下拉菜单中选择【速度】。

保持默认的【带步长范围】选项不变。

在【最小】栏输入 6m/秒，【最大】栏输入 8m/秒，【步长】栏输入 0.5m/秒。

在【目标】下拉菜单中选择【位移 1】传感器。

保持默认的【最小化】选项不变。

勾选【优化】前面的复选框，单击【运行】，如图 7-23 所示。

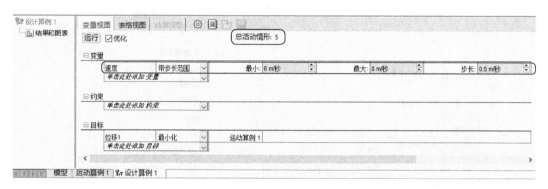

图 7-23 设置变量视图

 提醒

> 前面已经分析得出初始线性速度应该设置在 6~8m/s 之间。因此在这里给出的最小值为 6m/秒，最大值为 8m/秒。当步长设为 0.5m/秒时，可以按照步长列出所有的情形，即 6m/秒、6.5m/秒、7m/秒、7.5m/秒、8m/秒。这五种情形与图中显示的【总活动情形：5】相对应。

步骤 33. 查看表格视图内容

切换到【表格视图】标签页，可以看到上面提到的 5 个情形，分别对应 6m/秒、6.5m/秒、7m/秒、7.5m/秒、8m/秒，如图 7-24 所示。

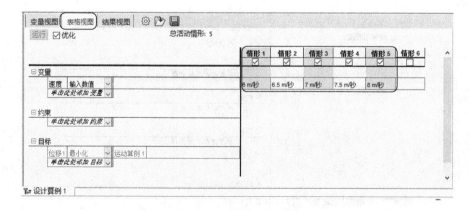

图 7-24 查看表格视图

步骤 34.　查看结果视图

切换到【结果视图】标签页，高亮显示的表头名称为【优化】，对应的速度和位移 1 分别为 7.5m/ 秒和 0.10939m，如图 7-25 所示。

也就是说，当篮球的初始线性速度为 7.5m/ 秒时，篮球球心与篮筐中心的距离最小，距离大小为 0.10939m。

变量视图	表格视图	结果视图	⚙ 📄 💾 ▶ ■					
7 情形之 7 已成功运行 设计算例质量：高								
		当前	初始	优化 (0)	情形 1	情形 2	情形 3	情形 4	情形 5
速度		7.5 m/秒	7.5 m/秒	7.5 m/秒	6 m/秒	6.5 m/秒	7 m/秒	7.5 m/秒	8 m/秒
位移1	最小化	0.10939m	0.10939m	0.10939m	1.4144m	0.95575m	0.46841m	0.10939m	0.19725m
🔧 设计算例 1								

图 7-25　查看结果视图

双击【优化】这一列，顶部工具栏的【从头播放】图标 ▶ 也将高亮显示。单击【从头播放】图标 ▶ ，可以不用进入【运动算例 1】中，而直接在【设计算例 1】中观察动画。这次看到篮球碰到篮筐后，直接向下弹入了篮筐。

步骤 35.　计算动画

切换回【运动算例 1】标签页。

单击【计算】图标 🖼 。看到动画结果与上一步中在【设计算例 1】中观察的动画结果完全一致，如图 7-26 所示。

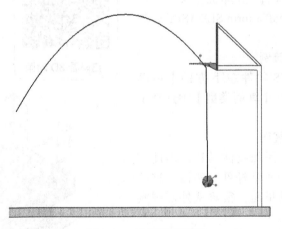

图 7-26　计算所得轨迹

📢 **提醒**

如果希望篮球空心入筐，也就意味着篮球球心需要更加靠近篮筐中心。这时候，如果仍然采用 0.5m/ 秒作为步长就不行了。可以考虑将步长设定为 0.1m/ 秒，然后再运行优化计算。

第8章
升降机的 Motion 分析

8

【学习目标】

1）使用函数编制程序。
2）使用 Motion 分析的力。
3）运动算例属性设置。

在这一章将学习 Motion 分析中力的特征，并在定义线性马达时使用函数编制程序，赋予运动部件更丰富的运动特征。

在下面这个实例中，将分析一个升降机上升和下降的运动过程。在升降台上，预先给定一个竖直向下的力，模拟一个人站在升降台的效果。最后通过结果图解，来分析升降机所需的马达力。

步骤 1. 打开模型文件

从"第 8 章\起始文件\升降机"文件夹中打开装配体模型"MarinaPlatform.SLDASM"，如图 8-1 所示。

步骤 2. 激活运动算例

单击 SOLIDWORKS 软件左下方的【运动算例 1】标签页，确认在【算例类型】中选择了【Motion 分析】。

步骤 3. 生成剖面视图

由于要对驱动杆件添加线性马达，因此需要比较方便地看到这些驱动杆件。然而，这些驱动杆件都位于机构的里面，很难从外部观察和选取。

需要生成一个剖面视图，将遮挡驱动杆件的外围方管排除在外，方便更方便地观察和选择所需的驱动杆件。

在前导视图中单击【剖面视图】图标，如图 8-2 所示。

在【剖面视图】的 PropertyManager 中，在【剖面 1】下方，选择已有的"PLANE1"基准面作为【参考剖面】，保留其他参数不变，如图 8-3 所示。

扫码看 3D 动画

扫码看视频

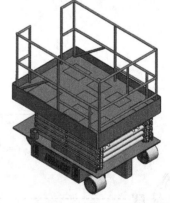

图 8-1　升降机模型

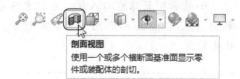

剖面视图
使用一个或多个横断面基准面显示零件或装配体的剖切。

图 8-2　单击剖面视图

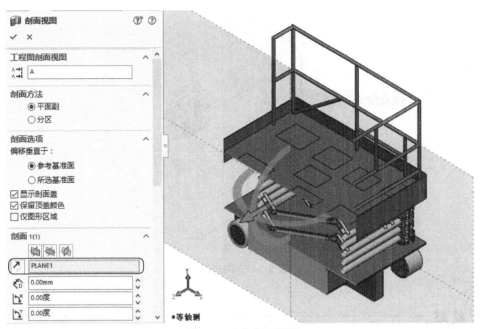

图 8-3　定义剖面视图

在【剖面视图】PropertyManager 中的最下方，单击【保存】按钮。在【另存为】对话框中，输入视图名称【剖面视图】，单击【保存】按钮，如图 8-4 所示。

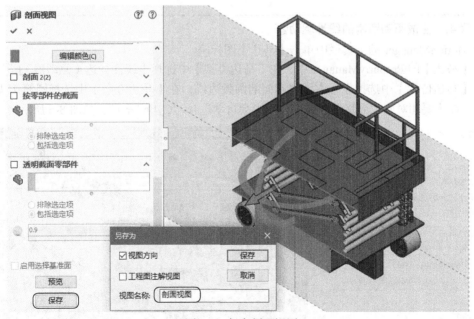

图 8-4　保存剖面视图

单击【确定】图标 ✓。

由于"PLANE1"基准面将一侧的驱动杆件对半分开，因此剖面视图 1 也刚好切过了这一侧的驱动杆件。因为将剖面视图 1 保存到了视图方向中，所以可以随时单击键盘的空格键，在【方向】面板中找到【剖面视图 1】，如图 8-5 所示。

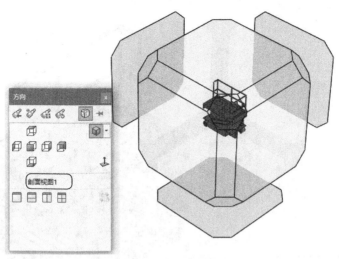

图 8-5　方向视图

提醒

　　定义完剖面视图后，前导视图中的【剖面视图】图标将一直处于激活状态，也就是说当前的视图环境显示的是剖面视图。如果想要脱离剖面视图环境，只需在前导视图中再次单击【剖面视图】图标，回到平常的视图显示状态。

步骤 4.　生成驱动活塞的线性驱动器

在 MotionManager 的工具栏中单击【马达】图标。

在【马达】的 PropertyManager 中，在【马达类型】中选择【线性马达（驱动器）】。

在【马达位置】中选择靠下方活塞端面的圆弧边线，在【马达方向】中选择圆筒接头的圆弧边线，在【要相对此项而移动的零部件】中会自动选择 "Cylinder-1"，如图 8-6 所示。

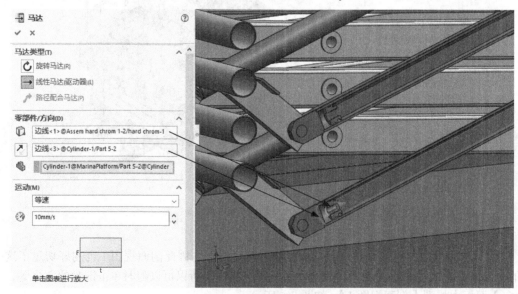

图 8-6　定义线性马达

这里有必要通过局部放大的视图，将表现【马达位置】和【马达方向】的边线显示得更加清楚，如图 8-7 和图 8-8 所示。

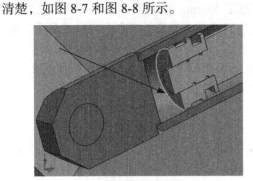

图 8-7　指定马达位置的边线

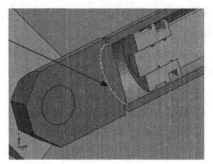

图 8-8　指定马达方向的边线

步骤 5.　选择运动函数

仍然在【马达】的 PropertyManager 中，单击【运动】下方的函数，从下拉列表中选择【线段】，如图 8-9 所示。

步骤 6.　编辑函数

在【函数编制程序】对话框中，确认【线段】栏处于激活状态。

在【值（y）】中，确认对应选项为【位移（mm）】，在【自变量（x）】中，确认对应选项为【时间（秒）】。

图 8-9　选择运动函数

按照图 8-10 的数值填充到表格中的各个单元格中，输入完毕，将在右侧看到位移图表、速度图表、加速度图表和猝动图表这四个显示图表。在【显示图表】中，只有【位移】是必选项，其他选项都可以手动取消。

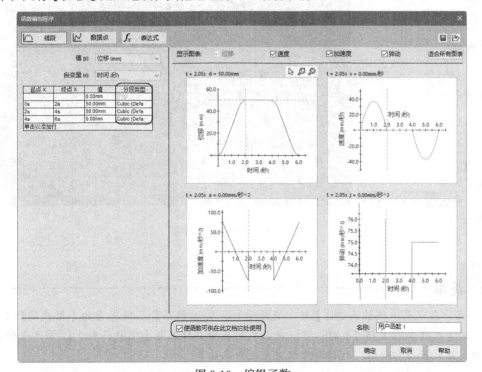

图 8-10　编辑函数

从【位移】图表中，可以看到驱动杆件在 0~2 秒期间首先向上推了 50mm 距离，然后在 2~4 秒期间保持静止状态，最后在 4~6 秒期间向下推了 50mm。在向上和向下推动的过程中，都不是线性关系，而是呈三次样条曲线的形状，这是因为在【分段类型】中选择的是【Cubic（Default）】选项。

后面还将对其他的驱动杆件设置相同的函数曲线，因此可以勾选【使函数可供在此文档它处使用】复选框，并在【名称】中输入【用户函数 1】。

单击【确定】按钮。

步骤 7. 完成马达定义

回到【马达】的 PropertyManager 中，单击【确定】图标 ✓。

在 MotionManager 的模型树中将新增【线性马达 1】的特征，如图 8-11 所示。

步骤 8. 生成第二个线性马达

在 MotionManager 的工具栏中单击【马达】图标 ㅌ。

图 8-11　线性马达特征

在【马达】的 PropertyManager 中，在【马达类型】中选择【线性马达（驱动器）】。

在【马达位置】中选择靠上方活塞端面的圆弧边线，在【马达方向】中选择圆筒接头的圆弧边线，在【要相对此项而移动的零部件】中会自动选择 "Cylinder-5"。

在【运动】下方的函数下拉列表中选择【用户函数 1】，如图 8-12 所示。

单击【确定】图标 ✓。

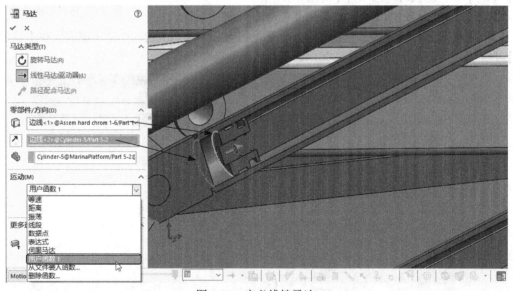

图 8-12　定义线性马达

🔊 **提醒**

因为在定义【线性马达 1】时，将驱动杆件的运动函数已经保存为【用户函数 1】，因此在定义【线性马达 2】时，可以在函数列表中直接选择【用户函数 1】。当两个运动部件的运动函数相同时，这样做可以极大地提高效率。

步骤 9. 退出剖面视图

在定义【线性马达 1】和【线性马达 2】时，都是在【剖面视图 1】下操作的。现在，已经完成了对这一侧两个驱动杆件的马达定义，转而需要对另一侧的两个驱动杆件定义相同的线性马达。

在前导视图中单击【剖面视图】图标，取消该图标的激活状态，退出当前的【剖面视图 1】。

步骤 10. 生成剖面视图

在前导视图中单击【剖面视图】图标。

在【剖面视图】的 PropertyManager 中，在【剖面 1】下方，选择已有的"PLANE2"基准面作为【参考剖面】，保留其他参数不变，如图 8-13 所示。

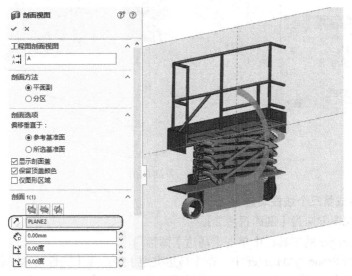

图 8-13 定义剖面视图

在【剖面视图】的 PropertyManager 中的最下方，单击【保存】按钮。在【另存为】对话框中，输入视图名称【剖面视图】，单击【保存】按钮，如图 8-14 所示。

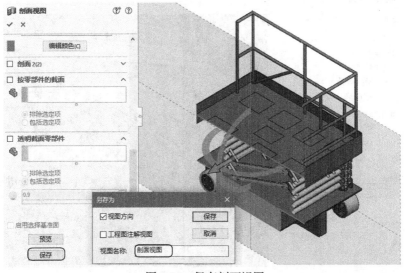

图 8-14 保存剖面视图

单击【确定】图标 ✓ 。

由于"PLANE2"基准面将另外一侧的驱动杆件对半分开，因此【剖面视图 2】也刚好切过了这一侧的驱动杆件。因为将【剖面视图 2】保存到了视图方向中，所以可以随时单击键盘的空格键，在【方向】面板中找到【剖面视图 2】，如图 8-15 所示。

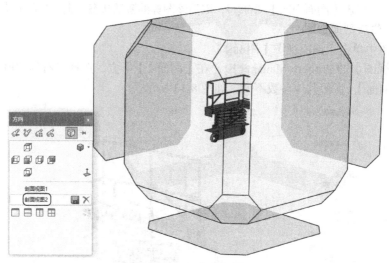

图 8-15　方向视图

步骤 11.　生成第三个线性马达

确认目前的视图方向为【剖面视图 2】。

在 MotionManager 的工具栏中单击【马达】图标 。

在【马达】的 PropertyManager 中，在【马达类型】中选择【线性马达（驱动器）】。

在【马达位置】中选择靠下方活塞端面的圆弧边线，在【马达方向】中选择圆筒接头的圆弧边线，在【要相对此项而移动的零部件】中会自动选择"Cylinder-2"。

在【运动】下方的函数下拉列表中选择【用户函数 1】，如图 8-16 所示。

单击【确定】图标 ✓ 。

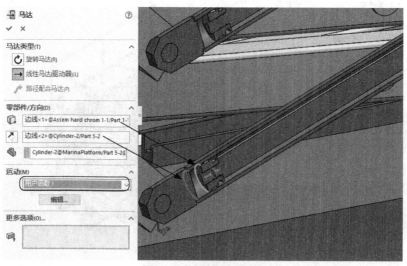

图 8-16　定义线性马达

步骤 12.　生成第四个线性马达

在 MotionManager 的工具栏中单击【马达】图标 。

在【马达】的 PropertyManager 中，在【马达类型】中选择【线性马达（驱动器）】。

在【马达位置】中选择靠上方活塞端面的圆弧边线，在【马达方向】中选择圆筒接头的圆弧边线，在【要相对此项而移动的零部件】中会自动选择"Cylinder-6"。

在【运动】下方的函数下拉列表中选择【用户函数 1】，如图 8-17 所示。

单击【确定】图标 。

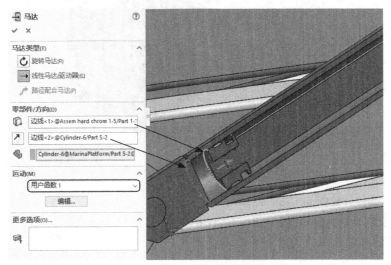

图 8-17　定义线性马达

步骤 13.　退出剖面视图

在定义【线性马达 3】和【线性马达 4】时，都是在【剖面视图 2】下操作的。现在，已经完成了对这一侧两个驱动杆件的马达定义，无须再停留在剖面视图状态。

在前导视图中单击【剖面视图】图标 ，取消该图标的激活状态，退出当前的【剖面视图 2】。

步骤 14.　添加引力

在 MotionManager 的工具栏中单击【引力】图标 。

步骤 15.　编辑引力

在【引力】的 PropertyManager 中，默认的 Z 方向并不是重力作用的方向，更改到 Y 方向，如果方向相反，请单击【方向参考】前方的【反向】图标 。保持默认数字引力值的大小，单击【确定】图标 。

步骤 16.　添加力

在 MotionManager 的工具栏中单击【力】图标 ，如图 8-18 所示。

步骤 17.　编辑力

在【力 / 扭矩】的 PropertyManager 中，在【类型】中选择【力】，在【方向】中选择【只有作用力】。

图 8-18　添加力

在【作用零件和作用应用点】中选择工作台中间的分割矩形表面，力的默认方向朝上，单击【反向】图标 切换力的方向，使之显示朝下。

在【力函数】下方的函数中选择【常量】，【常量值】中输入 3922.68 牛顿（模拟工作台的承重），其他选项保持默认值，如图 8-19 所示。

单击【确定】图标 ✓ 。

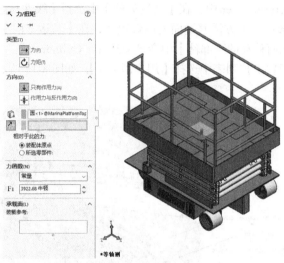

图 8-19　编辑力

步骤 18.　调整计算时间

因为在定义线性马达的运动函数时，是在 0~6 秒范围内定义的，因此将总的时间长度调整到 6 秒。

可以直接拖动代表结束时刻的键码到 6 秒的位置，或右键单击代表结束时刻的键码并选择【编辑关键点时间】，输入精确数值 6 秒后单击【确定】图标 ✓ 。

步骤 19.　计算动画

单击【计算】图标 ⊞ 。

在 0~2 秒期间，升降机向上做抬升运动，在 2~4 秒期间，升降机保持静止状态，在 4~6 秒期间，升降机向下做收缩运动。这与定义的四个线性马达的运动非常吻合。

步骤 20.　定义结果图解

在 MotionManager 的工具栏中单击【结果和图解】图标 🔁 。

在【结果】下方的【选取类别】中选择【力】。

在【选取子类别】中选择【马达力】。

在【选取结果分量】中选择【幅值】。

在【选取平移马达对象来生成结果】中选择【线性马达 1】，如图 8-20 所示。

单击【确定】图标 ✓ 。

图 8-20　定义结果图解

步骤 21. 查看图解

查看生成的【图解 1】，如图 8-21 所示。

该图解是马达力随时间的变化曲线，其中最大马达力在 30000N 左右。

单击【确定】图标 ✓。

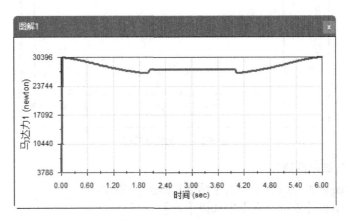

图 8-21　马达力图解

步骤 22. 定义结果图解

在 MotionManager 的工具栏中单击【结果和图解】图标。

在【结果】下方的【选取类别】中选择【力】。

在【选取子类别】中选择【马达力】。

在【选取结果分量】中选择【幅值】。

在【选取平移马达对象来生成结果】中选择【线性马达 2】，如图 8-22 所示。

单击【确定】图标 ✓。

步骤 23. 查看图解

查看生成的【图解 2】，如图 8-23 所示。

该图解是马达力随时间的变化曲线，其中最大马达力在 15000N 左右。

对比【图解 1】和【图解 2】，发现【图解 1】对应的马达力大约是【图解 2】对应马达力的两倍。由于整个升降机的驱动杆件是左右对称的，因此可以判定，靠下的驱动杆件（对应【线性马达 1】和【线性马达 3】）作用的马达力大约是靠上的驱动杆件（对应【线性马达 2】和【线性马达 4】）作用的马达力的两倍。

由于靠下的驱动杆件作用的马达力更大（30000N 左右），因此，在计算驱动杆件的安全系数时，只需验证 30000N 作用力下对应的安全系数。这个可以通过 SOLIDWORKS SIMULATION 软件很快求得。

单击【确定】图标 ✓。

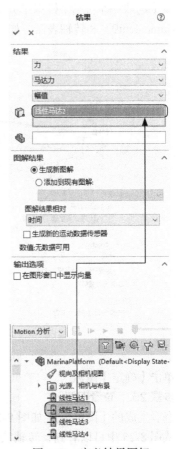

图 8-22　定义结果图解

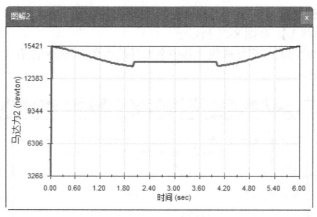

图 8-23　马达力图解

步骤 24.　定义结果图解

在 MotionManager 的工具栏中单击【结果和图解】图标 。

在【结果】下方的【选取类别】中选择【力】。

在【选取子类别】中选择【反作用力】。

在【选取结果分量】中选择【Y 分量】。

在【选取一个配合 / 模拟单元及 / 或附加到配合上的零件的一个面来生成结果】中选择配合 "Coincident9" 和转轴表面，如图 8-24 所示。

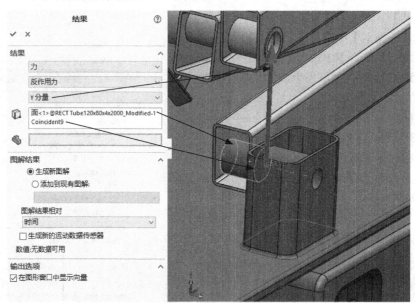

图 8-24　定义结果图解

单击【确定】图标 。

步骤 25.　查看图解

查看生成的【图解 3】，如图 8-25 所示。

从图 8-25 中可以看到，转轴表面在 Y 方向的向上支撑力在 4300N 左右，这个转轴表面的支撑力在整个支撑系统中是很重要的，因此需要在 SOLIDWORKS SIMULATION 中进行强度分析，验证材料是否在许用应力内。

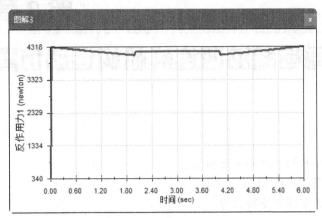

图 8-25　反作用力图解

步骤 26. 保存并关闭文件

第9章

9

基于布局草图的四连杆机构运动仿真

【学习目标】

1）使用 SOLIDWORKS 布局草图功能。

2）基于布局草图图块的 Motion 分析。

3）基于布局草图创建四连杆机构。

在这一章将学习 SOLIDWORKS 的布局草图功能，用草图显示每个装配体零部件的位置。然后，可以在生成零件的详细设计之前建立和修改布局设计。另外，可以随时使用布局草图在装配体中做出零部件布局变更。使用布局草图设计装配体最大的好处，就是如果更改了布局草图，则装配体及其零件都会自动随之更新，这仅需改变一处即可快速地完成修改。

而且，还可以只基于布局草图进行 Motion 分析，在完成实体装配体设计之前，验证机构的运动特性。当确定运动仿真的结果后，再进行后期的详细设计，完成从布局草图到零部件实体的设计转换工作。

9.1　四连杆机构解析

在本章实例中，将研究一个四连杆机构的运动情况。

平面四连杆机构是由四个刚性杆件用低副连接组成的，各个运动杆件均在相互平行的平面内运动的机构。

常见的四连杆机构如图 9-1 所示。

通常称固定的杆件为机架，即 *AD* 代表的 4 号杆件。与机架相连的杆件称为连架杆，即 *AB* 代表的 1 号杆件和 *CD* 代表的 3 号杆件。其中，1 号杆件可以进行 360° 转动，因此通常称为曲柄；3 号杆件不能进行 360° 转动，因此通常称为摇杆。连接连架杆的杆件称为连杆，即 *BC* 代表的 2 号杆件。

根据格拉霍夫定理，还知道下面这个条件：

$$S+L \leqslant P+Q$$

式中　*S* ——最短杆件的长度；

　　　 L ——最长杆件的长度；

　　P 和 *Q* ——其余两根杆件的长度。

扫码看 3D 动画

扫码看视频

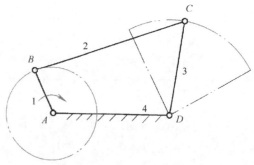

图 9-1　四连杆机构示意图

9.2　新建布局草图

步骤 1.　新建装配体

之前的章节都预先准备好了模型，这次将从零开始创建一个新的草图布局。草图布局也称为草图骨架，是自顶向下设计中常用的方法。通过修改草图布局，就能够达到驱动整个装配体更新的目的。

单击【文件】→【新建】→【Tutorial】，选择【assem】装配体模板，单击【确定】按钮，如图 9-2 所示。

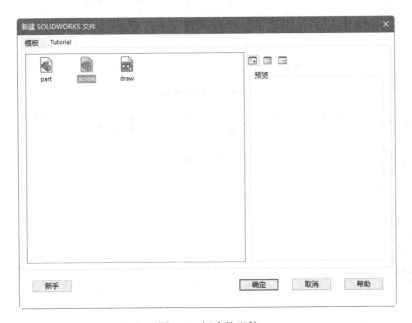

图 9-2　新建装配体

在弹出的【打开】窗口中，单击【取消】。

> 📢 提醒
>
> 　　默认情况下，当新建一个装配体时，都会弹出【打开】窗口，让用户打开已有的零部件进行装配。然而，在这个实例中打算从零开始创建一个新的装配体，因此这里单击【取消】。

步骤 2.　生成布局

在【开始装配体】的 PropertyManager 中，单击【生成布局】按钮，如图 9-3 所示。

步骤 3.　定位布局基准面

在图形区域将出现一个布局基准面，默认方向为等轴测方向，将其切换至前视方向，如图 9-4 所示。

从图 9-4 中可以看到，【布局】标签页中的【布局】按钮处于激活状态，而且 FeatureManager 设计树中和右上角都会出现布局符号。

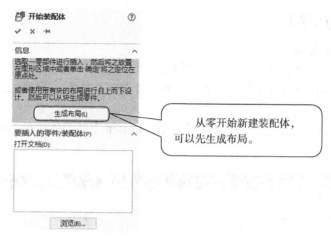

图 9-3　生成布局

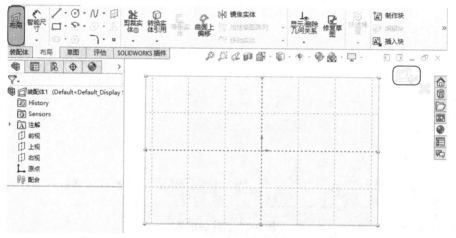

图 9-4　布局基准面

步骤 4.　指定单位系统

单击底部状态栏的【单位系统】，在弹出的列表中选择【MMGS（毫米、克、秒）】，如图 9-5 所示。

步骤 5.　保存装配体

单击【文件】→【保存】。

保持默认的文件名"装配体 1.SLDASM"，将其保存在"第 9 章 \ 结果文件 \ 四连杆"文件夹中。

图 9-5　指定单位系统

步骤 6.　重新激活布局

保存装配体后，有两种方法可以重新激活布局。

一种方法是在 FeatureManager 设计树中右键单击【装配体 1】，然后在右键菜单中选择【布局】。

另一种方法是在 CommandManager 中切换到【布局】标签页，然后单击【布局】，如图 9-6 所示。

图 9-6　激活布局

步骤 7.　绘制代表固定杆件的草图

参照图 9-1，绘制代表固定杆件的草图，即 *AD* 代表的 4 号杆件。

绘制草图并添加尺寸，如图 9-7 所示。

注意，左边孔的圆心与原点设定为重合，整个草图最终是完全定义的。

步骤 8. 制作块

框选上一步中草图的所有线条，单击右键，并从弹出的工具栏中选择【制作块】，如图 9-8 所示。

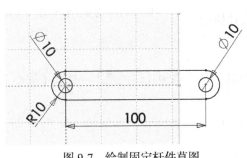

图 9-7 绘制固定杆件草图

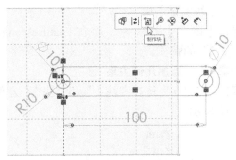

图 9-8 框选草图线条

在【制作块】的 PropertyManager 中，确认所有草图线条都位于【块实体】中，如图 9-9 所示。

单击【确定】图标 ✓，将在 FeatureManager 设计树中出现"块 1"的特征。

图 9-9 制作块

步骤 9. 固定"块 1"

虽然在前面将草图设定为完全定义，但是当制作块之后，这个块又可以随意移动了。因此，需要将"块 1"进行重新约束，使其不能移动。

单击"块 1"底部的水平直线段，在【块】的 PropertyManager 中，单击【添加几何关系】下方的【固定】，则【固定】关系将自动添加至【现有几何关系】中，如图 9-10 所示。

单击【确定】图标 ✓。

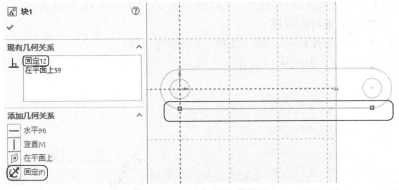

图 9-10 固定水平直线段

现在，再尝试移动"块 1"时，发现该块已经被完全约束，无法移动。

步骤 10. 绘制代表曲柄的草图

参照图 9-1，绘制代表曲柄的草图，即 AB 代表的 1 号杆件。

绘制草图并添加尺寸，如图 9-11 所示。

步骤 11. 制作块

框选上一步中草图的所有线条，单击右键，并从弹出的工具栏中选择【制作块】。

在【制作块】的 PropertyManager 中，确认所有草图线条都位于【块实体】中。

单击【确定】图标 ✓ ，将在 FeatureManager 设计树中出现"块 2"的特征。

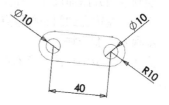

图 9-11 绘制曲柄草图

步骤 12. 添加几何关系

按住 < Ctrl > ，选择"块 1"和"块 2"左侧的圆孔，从【添加几何关系】中选择【同心】，如图 9-12 所示。

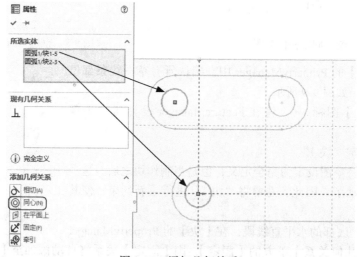

图 9-12 添加几何关系

单击【确定】图标 ✓ 。

添加【同心】的几何关系后，"块 2"可以绕"块 1"转动，如图 9-13 所示。

步骤 13. 绘制代表连杆的草图

参照图 9-1，绘制代表连杆的草图，即 BC 代表的 2 号杆件。

绘制草图并添加尺寸，如图 9-14 所示。

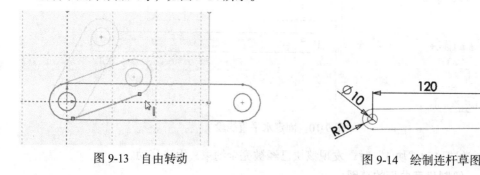

图 9-13 自由转动

图 9-14 绘制连杆草图

步骤 14. 制作块

框选上一步中草图的所有线条，单击右键，并从弹出的工具栏中选择【制作块】。

在【制作块】的 PropertyManager 中，确认所有草图线条都位于【块实体】中。

单击【确定】图标 ✓，将在 FeatureManager 设计树中出现"块 3"的特征。

步骤 15.　添加几何关系

按住 < Ctrl >，选择"块 2"右侧的圆孔及"块 3"左侧的圆孔，从【添加几何关系】中选择【同心】，如图 9-15 所示。

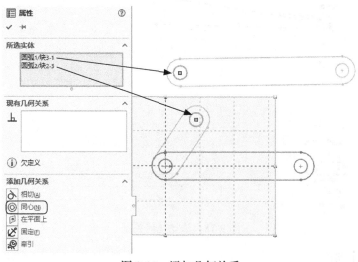

图 9-15　添加几何关系

单击【确定】图标 ✓。

添加【同心】的几何关系后，"块 3"可以绕"块 2"转动，同时"块 2"也能绕"块 1"转动，如图 9-16 所示。

步骤 16.　绘制代表摇杆的草图

参照图 9-1，绘制代表摇杆的草图，即 *CD* 代表的 3 号杆件。

绘制草图并添加尺寸，如图 9-17 所示。

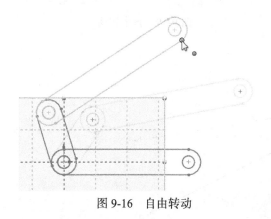

图 9-16　自由转动

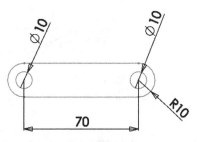

图 9-17　绘制摇杆草图

步骤 17.　制作块

框选上一步中草图的所有线条，单击右键，并从弹出的工具栏中选择【制作块】。

在【制作块】的 PropertyManager 中，确认所有草图线条都位于【块实体】中。

单击【确定】图标 ✓，将在 FeatureManager 设计树中出现"块 4"的特征。

步骤 18. 添加几何关系

按住 < Ctrl >，选择"块3"右侧的圆孔及"块4"左侧的圆孔，从【添加几何关系】中选择【同心】，如图9-18所示。

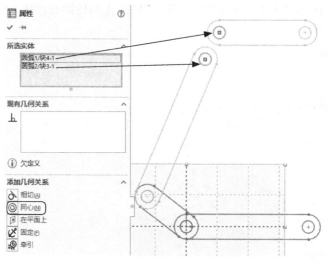

图9-18　添加几何关系

单击【确定】图标 ✓ 。

添加【同心】的几何关系后，"块4"可以绕"块3"转动，同时"块3"也能绕"块2"转动，"块2"也能绕"块1"转动，如图9-19所示。

步骤 19. 添加几何关系

按住 < Ctrl >，选择"块4"右侧的圆孔及"块1"右侧的圆孔，从【添加几何关系】中选择【同心】，如图9-20所示。

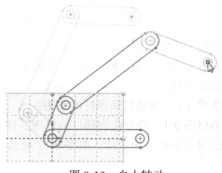

图9-19　自由转动

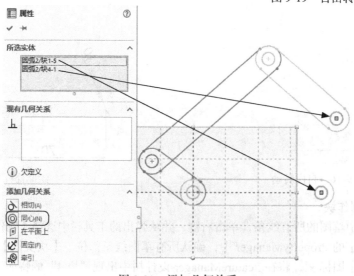

图9-20　添加几何关系

单击【确定】图标 ✓。

添加【同心】的几何关系后，得到了一个四连杆的布局草图，拖动连杆可以绕轴做360° 转动，如图 9-21 所示。

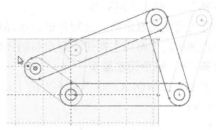

图 9-21　自由转动

 提醒

在绘制杆件草图时，四根杆件的长度分别为 100mm、40mm、120mm、70mm。其中最大长度为 120mm，最小长度为 40mm，满足之前提到的格拉霍夫定理，即 $120 + 40 \leqslant 100 + 70$。

步骤 20.　定义质量属性

虽然定义的四个块都是基于草图构建的线条，但是 SOLIDWORKS 软件仍会赋予每个块初始的质量。

单击"块 1"上的任意一部分，将启动"块 1"的 PropertyManager 窗口。

在【质量属性】中，可以手动输入【块质量】为 100g。

单击【移动质量中心】，将在图形区域显示"块 1"的质量中心符号。

单击【惯性张量】，会弹出【惯性张量】对话框，显示【质量惯性张量】和【质量惯性项积】各个分量的数值，如图 9-22 所示。

单击【确定】按钮，退出对"块 1"的定义。

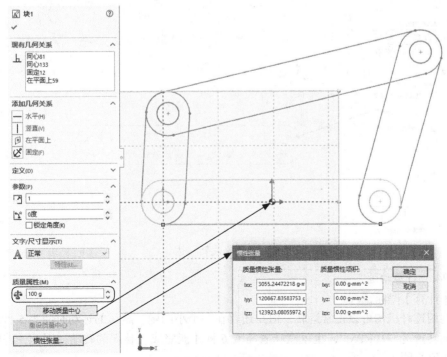

图 9-22　质量属性

步骤 21. 退出布局环境

在进入运动仿真之前，必须先退出布局环境。

单击激活的【布局】按钮，退出布局环境。

步骤 22. 激活运动算例

单击 SOLIDWORKS 软件左下方的【运动算例 1】标签页，确认在【算例类型】中选择了【Motion 分析】。

> 布局草图必须在【Motion 分析】中才能求解运动状态，不能使用【动画】和【基本运动】。

步骤 23. 添加马达

由于曲柄是可以做 360° 转动的，因此将对曲柄指定一个旋转马达。

在 MotionManager 的工具栏中单击【马达】图标 。

在【马达】PropertyManager 中的【马达类型】中选择【旋转马达】。

在【马达位置】中选择曲柄上的一条边线，在【马达方向】中选择位于旋转中心的圆孔，在【要相对此项而移动的零部件】中会自动选择【装配体 1】。

在【运动】下方的函数中，保持默认的【等速】选项。

在【速度】中输入"10RPM"，如图 9-23 所示。

单击【确定】图标 。

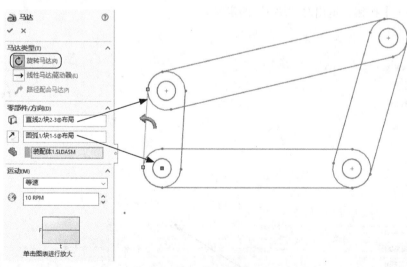

图 9-23　定义旋转马达

步骤 24. 计算动画

单击【计算】图标 。

观察到四连杆机构可以正常运转，但是还存在一个小问题。默认的运动时间为 5 秒，然而给定的曲柄转速为"10RPM"，也就意味着需要 6 秒才能完成一整圈的转动。因此，需要把运动时间增加到 6 秒。

步骤 25．调整动画时间

右键单击位于 5 秒处的键码，在右键菜单中选择【编辑关键点时间】。在【编辑时间】对话框中，手动输入 6，单击【确定】图标 ✓，如图 9-24 所示。

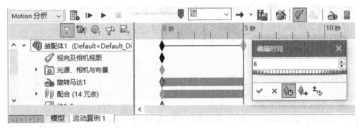

图 9-24　调整动画时间

步骤 26．计算动画

再次单击【计算】图标 。

这次看到曲柄刚好可以完成一整圈的转动。如果想观察四连杆机构的不间歇运动，可以选择循环播放模式，如图 9-25 所示。

单击【从头播放】图标 I▶，可以看到整个四连杆机构连续不断的运动结果。

图 9-25　调整播放模式

步骤 27．定义结果图解

摇杆并不能做 360° 的转动，为了观察摇杆的运动轨迹，可以通过定义【结果和图解】来实现。

在 MotionManager 的工具栏中单击【结果和图解】图标 。

在【结果】下方的【选取类别】中选择【位移/速度/加速度】。

在【选取子类别】中选择【跟踪路径】。

在【选取一个点，此外还可选取一个参考零件来生成结果】中选择摇杆圆孔的中心点，如图 9-26 所示。

单击【确定】图标 ✓。

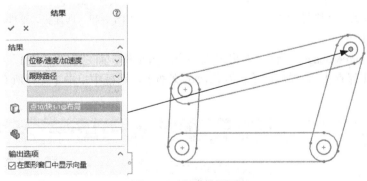

图 9-26　定义结果图解

步骤 28．查看图解

查看生成的"图解 1"，可以清楚地看到摇杆的运动轨迹，如图 9-27 所示。

步骤 29．从块制作零件

在验证布局草图的运动仿真后，可以基于四个块生成零件模型，通过拉伸命令创建出四个连杆的实体，从而完成整个装配体的设计。

在 FeatureManager 设计树中，右键单击"块 1"，从右键菜单中选择【从块制作零件】，如图 9-28 所示。

在弹出的【从块制作零件】PropertyManager 中，在【块到零件约束】下方选择【在块上】，如图 9-29 所示。

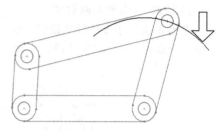

图 9-27　查看图解

提醒

由于"块 1"是固定杆件，因此选择【在块上】选项。【在块上】命令可以约束零件，使之与布局草图中块的基准面共面。其他杆件都是活动杆件，需要选择【投影】选项。【投影】命令生成从布局草图中块的基准面投影的零件，但不约束为与基准面共面。在装配体中，用户可以沿与块的基准面垂直的方向拖动零件。

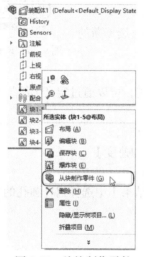

图 9-28　从块制作零件

图 9-29　选择块到零件约束

单击【确定】图标 ✔。

这时，在 FeatureManager 设计树中将出现一个新增零件，而之前的"块 1"特征也将消失。单击【文件】→【保存】，在弹出的【保存修改的文档】对话框中单击【保存所有】按钮，如图 9-30 所示。

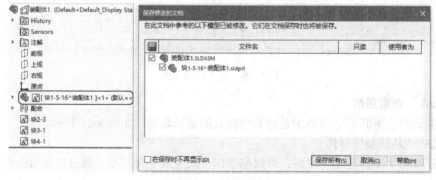

图 9-30　保存所有

在随后弹出的【另存为】对话框中，保持默认的选项【内部保存（在装配体内）】，单击【确定】按钮，如图 9-31 所示。

步骤 30.　制作实体零件

虽然将"块 1"制作成了内部保存的零件，但是目前的零件仍然只包含线条，而没有实体，因此接下来需要基于线条生成实体。

在 FeatureManager 设计树中右键单击"块 1"零件，从右键菜单中选择【编辑】，如图 9-32 所示。

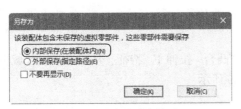

图 9-31　另存为内部保存

图 9-32　编辑零件

步骤 31.　选择拉伸凸台

激活 CommandManager 中的【特征】标签页。

在 FeatureManager 设计树中展开"块 1"零件，单击【草图 1】使其高亮显示，然后单击【拉伸凸台 / 基体】，如图 9-33 所示。

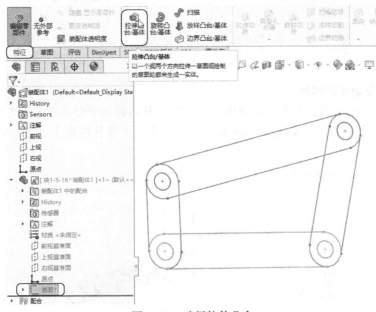

图 9-33　选择拉伸凸台

步骤 32.　编辑凸台拉伸

在【凸台 - 拉伸】的 PropertyManager 中，保留其他设置不变，将【深度】从默认的 10mm 修改为 5mm，如图 9-34 所示。

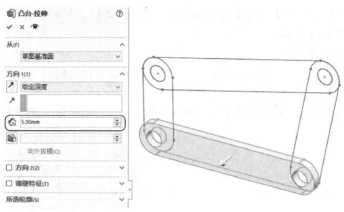

图 9-34　编辑凸台拉伸

单击【确定】图标 ✓ 。

退出编辑状态，发现在"块 1"零件下出现了"凸台 - 拉伸 1"特征，从图形显示区域也看到，固定的连杆已经显示为一个实体模型，如图 9-35 所示。

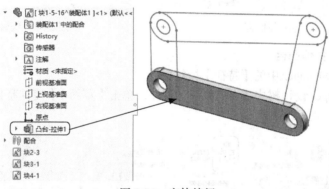

图 9-35　实体特征

步骤 33. 从块制作零件

在 FeatureManager 设计树中，右键单击"块 2"，从右键菜单中选择【从块制作零件】。在弹出的【从块制作零件】的 PropertyManager 中，在【块到零件约束】下方选择【投影】，如图 9-36 所示。

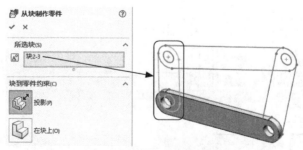

图 9-36　选择块到零件约束

单击【确定】图标 ✓ 。

步骤 34. 生成拉伸凸台

在 FeatureManager 设计树中右键单击"块 2"零件，从右键菜单中选择【编辑】。

激活 CommandManager 中的【特征】标签页。

在 FeatureManager 设计树中展开"块 2"零件，单击【草图 1】使其高亮显示，然后单击【拉伸凸台 / 基体】。

在【凸台 - 拉伸】的 PropertyManager 中，为了不与固定杆件产生干涉，这里需要在【方向】下方单击【反向】图标 ↗，确认【深度】为 5mm，如图 9-37 所示。

单击【确定】图标 ✓ 。

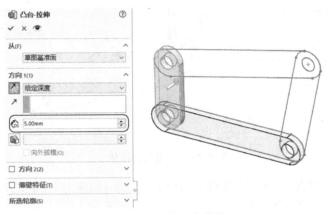

图 9-37　编辑凸台拉伸

退出编辑状态，发现在"块 2"零件下出现了"凸台 - 拉伸 1"特征，从图形显示区域也可看到，曲柄显示为一个实体模型。

步骤 35.　从块制作零件

在 FeatureManager 设计树中，右键单击"块 4"，从右键菜单中选择【从块制作零件】。在弹出的【从块制作零件】的 PropertyManager 中，在【块到零件约束】下方选择【投影】，如图 9-38 所示。

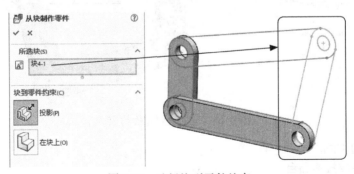

图 9-38　选择块到零件约束

单击【确定】图标 ✓ 。

步骤 36.　生成拉伸凸台

在 FeatureManager 设计树中右键单击"块 4"零件，从右键菜单中选择【编辑】。

激活 CommandManager 中的【特征】标签页。

在 FeatureManager 设计树中展开"块 4"零件，单击【草图 1】使其高亮显示，然后单击【拉伸凸台 / 基体】。

在【凸台 - 拉伸】的 PropertyManager 中，为了不与固定杆件产生干涉，这里需要在【方向】

下方单击【反向】图标↗，确认【深度】为 5mm，如图 9-39 所示。

单击【确定】图标 ✓。

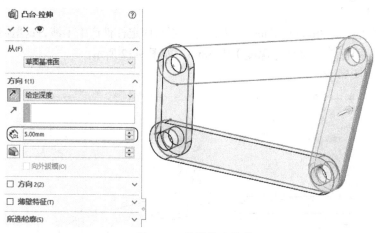

图 9-39　编辑凸台拉伸

退出编辑状态，发现在"块 4"零件下出现了"凸台 - 拉伸 1"特征，从图形显示区域也可看到，摇杆也显示为一个实体模型。

步骤 37.　从块制作零件

在 FeatureManager 设计树中，右键单击"块 3"，从右键菜单中选择【从块制作零件】。在弹出的【从块制作零件】的 PropertyManager 中，在【块到零件约束】下方选择【投影】，如图 9-40 所示。

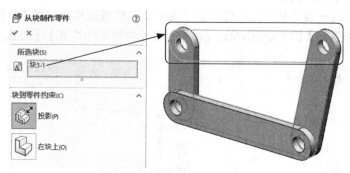

图 9-40　选择块到零件约束

单击【确定】图标 ✓。

步骤 38.　生成拉伸凸台

在 FeatureManager 设计树中右键单击"块 3"零件，从右键菜单中选择【编辑】。

激活 CommandManager 中的【特征】标签页。

在 FeatureManager 设计树中展开"块 3"零件，单击【草图 1】使其高亮显示，然后单击【拉伸凸台 / 基体】。

在【凸台 - 拉伸】的 PropertyManager 中，为了不与之前的三根杆件产生干涉，这里需要在【从】下方选择【曲面 / 面 / 基准面】，并在【选择一曲面 / 面 / 基准面】中选择曲柄背面。

在【方向】下方单击【反向】图标↗，确认【深度】为 5mm，如图 9-41 所示。

单击【确定】图标 ✓。

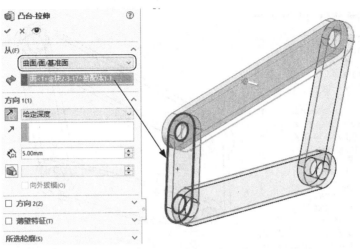

图 9-41　编辑凸台拉伸

退出编辑状态，发现在"块 3"零件下出现了"凸台 - 拉伸 1"特征，从图形显示区域也看到，曲柄也显示为一个实体模型。

步骤 39.　隐藏草图

这时完成了四根杆件的实体零件建模。为了研究实体零件的运动特性，暂时隐藏图形显示区域的草图。

单击【视图】→【隐藏 / 显示】→【草图】，取消对【草图】的显示。

步骤 40.　激活运动算例

单击 SOLIDWORKS 软件左下方的【运动算例 1】标签页，切换到【运动算例】环境中。

步骤 41.　计算动画

单击【计算】图标 📇。

四连杆机构的运动轨迹跟之前采用布局图块得到的运动结果完全一致，如图 9-42 所示。

步骤 42.　编辑块

现在来编辑曲柄对应的"块 2"，将长度由 40mm 减小到 30mm，然后重新计算整个四连杆机构的运动轨迹。

在 FeatureManager 设计树中右键单击"块 2"零件，从右键菜单中选择【编辑】。

展开"块 2"→【凸台 - 拉伸 1】→【草图 1】，右键单击"块 2"并从右键菜单选择【编辑块】，如图 9-43 所示。

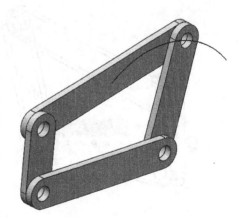

图 9-42　实体运动轨迹

步骤 43.　修改块的尺寸

将两个孔之间的距离从 40mm 修改到 30mm，如图 9-44 所示。

步骤 44.　计算动画

单击【计算】图标 📇。

连杆尺寸变短后，仍然可以正常模拟出运动轨迹，如图 9-45 所示。

步骤 45.　保存并关闭文件

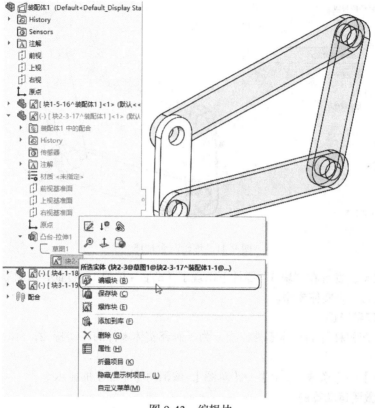

图 9-43　编辑块

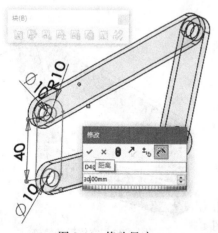

图 9-44　修改尺寸

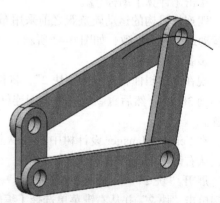

图 9-45　实体运动轨迹

第 10 章
摩擦对运动的影响

【学习目标】

1）摩擦系数对运动仿真结果的影响。

2）计算只有滚动没有滑动时所需的最小摩擦系数。

两个相互接触的物体，当它们发生相对运动或具有相对运动趋势时，就会在接触面上产生阻碍相对运动的力，这个力就是摩擦力，一般在力学上用 f 表示。

按照摩擦力的种类来划分，可以分为滑动摩擦力、滚动摩擦力和静摩擦力三种。其中滑动摩擦力和滚动摩擦力具有相对运动，而静摩擦力具有相对运动趋势。

摩擦力与接触面的粗糙程度、接触面的大小、运动速度、运动方向及接触面的压力有关。一般来说，在压力相同时，接触面越粗糙，摩擦力越大；接触面粗糙程度相同时，压力越大，摩擦力越大。

下面将通过一个滚轮在斜面滚动的例子，来研究滚轮在没有摩擦力、大摩擦系数、小摩擦系数三种工况下，滚轮的运动状态。

扫码看 3D 动画 　　扫码看视频

10.1　无摩擦运动

步骤 1.　打开装配体

从"第 10 章 \ 起始文件 \ 斜面装置"文件夹中打开装配体模型"斜面装置 .SLDASM"，如图 10-1 所示。

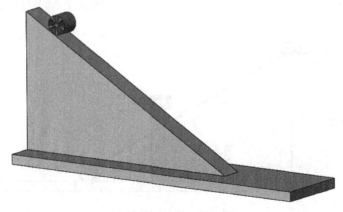

图 10-1　斜面装置

整个装置由两个部分组成，即固定的斜面部分，以及浮动的滚轮部分。在重力作用下，滚轮将沿着倾斜的斜面向下滚动。

为了更直观地了解整个装置各部分的尺寸，有必要给出对应部件的尺寸。如果读者有更多时间，建议自己建立不同倾斜角度的斜面，研究摩擦力对滚轮运动的影响。

其中固定的零部件包含两个部分，即三角形的斜面和长方形的底座。斜面与底面之间的夹角为30°，斜面的高度为7in（1in=0.0254m），斜面宽度为1.2in。底座的厚度为0.5in，宽度为4in，如图10-2所示。

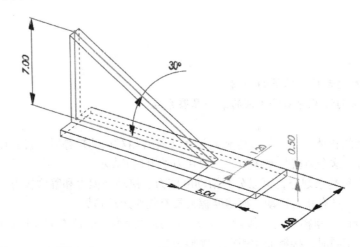

图10-2 斜面尺寸（单位：in）

滚轮的宽度与斜面的宽度相同，即1.2in。滚轮外径为1in，内径为0.9in，包含5个角度为50°的扇形切除的圆周阵列，如图10-3所示。

滚轮从初始位置滚到底部平板的高度差为6in，沿斜面滚动的距离为12in，如图10-4所示。

步骤2. 激活运动算例

单击SOLIDWORKS软件操作界面左下方的【运动算例1】标签页，确认在【算例类型】中选择了【Motion分析】。

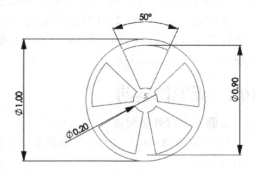

图10-3 滚轮尺寸（单位：in）

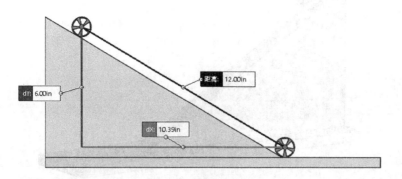

图10-4 滚轮初始位置

步骤3. 添加引力

滚轮最初位于斜面上方，将在重力的作用下向下滚动，因此首先需要对整个模型添加重力。在 MotionManager 的工具栏中单击【引力】图标  。

步骤 4.　编辑引力

在【引力】的 PropertyManager 中，默认的 Z 方向并不是重力作用的方向，更改到 Y 方向，如果方向相反，请单击【方向参考】前方的【反向】图标。保持默认数字引力值的大小，单击【确定】。

步骤 5.　添加接触

在 MotionManager 的工具栏中单击【接触】图标 。

步骤 6.　定义滚轮与斜面的接触

在【接触类型】下方选择【实体】。

不勾选【使用接触组】的选项，在【零部件】中单击固定部件（斜面）和运动部件（滚轮）。取消勾选【材料】和【摩擦】复选框，其他参数保留默认数值。将在后面的算例中考虑摩擦，但在这个算例中，先计算没有摩擦的运动情形，如图 10-5 所示。

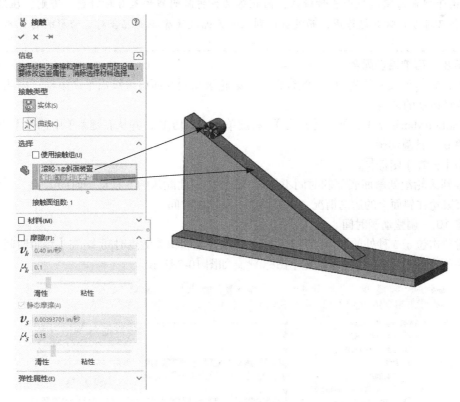

图 10-5　定义接触

在【弹性属性】中，默认的设置为【冲击】，而且指定有其他几个属性（刚度、指数等）。在每个时间步长，程序都将计算所选两个实体之间的干涉。如果存在干涉，则指定的这些参数将定义一个非线性的弹簧作用在这两个实体上并将其分开。接触往往会增加仿真的复杂度。如果时间步长太大，则有可能没有识别到接触，导致实体互相穿透，或产生数值错误的结果。

之前也强调过，当出现这种问题时，需要进入【运动算例属性】，将【每秒帧数】调高至 500 甚至更高，并勾选【使用精确接触】复选框。

对于某些仿真，可能有必要降低求解精度，以保证仿真可以正常运算。对这个实例而言，默认的精确度是满足需求的。

单击【确定】图标 ✓。

步骤 7. 压缩距离配合

之前定义的【距离 1】配合将阻止滚轮向下滚动，因此必须消除该配合对运动的影响。可以删除"距离 1"配合，但建议在此采用压缩的方式。

首先，将时间线拖至 0 秒时刻。在 MotionManager 中，展开【配合】，右键单击"距离 1"，并从右键菜单中选择【压缩】，如图 10-6 所示。

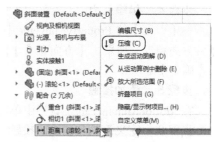

图 10-6　压缩配合

📢 **提醒**

由于当前时间线位于 5 秒时刻，因此务必先将时间线拖至 0 秒时刻。否则，压缩距离配合只对 5 秒时刻起作用，而没有达到从一开始就消除距离配合对运动影响的目的。

步骤 8. 压缩相切配合

同理，之前定义的"相切 1"配合将阻止滚轮滚动到底面后继续沿平面滚动，因此必须消除该配合对运动的影响。

在 MotionManager 中，展开【配合】，右键单击"相切 1"，并从右键菜单中选择【压缩】。

步骤 9. 计算动画

单击【计算】图标 。

观察到滚轮滚到斜面底部的时间不超过 0.5 秒，因此默认的 5 秒动画时间太长了。为了更好地观察滚轮在斜面上的运动情况，需要调整一下动画时间。

步骤 10. 调整动画时间

右键单击位于 5 秒处的键码，在右键菜单中选择【编辑关键点时间】。在【编辑时间】对话框中，手动输入 0.5 秒，单击【确定】图标 ✓，如图 10-7 所示。

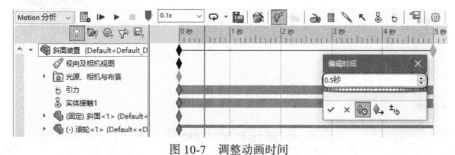

图 10-7　调整动画时间

步骤 11. 计算动画

再次单击【计算】图标 。

这次显示了 0.5 秒内计算所得的动画。

步骤 12. 定义结果图解

在 MotionManager 的工具栏中单击【结果和图解】图标 。

在【结果】下方的【选取类别】中选择【位移 / 速度 / 加速度】。

在【选取子类别】中选择【线性速度】。

在【选取结果分量】中选择【幅值】。

在【选取零件上一个面，一个顶点或一个配合 / 模拟单元来生成结果】中选择滚轮中心点对应的草图，如图 10-8 所示。

单击【确定】图标 ✓。

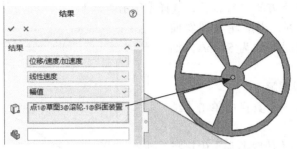

图 10-8　定义结果图解

步骤 13.　查看图解

查看生成的"图解 1"，可以看到滚轮大约经过 0.35 秒抵达斜面底部，滚到底部的速度大约为 68in/s，如图 10-9 所示。

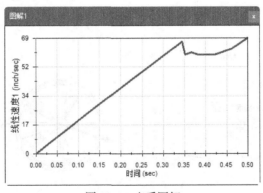

图 10-9　查看图解

10.2　高摩擦运动

在【运动算例 1】中，并没有给定滚轮与斜面之间的摩擦系数。在新建运动算例中，将指定一个比较大的摩擦系数，然后计算最终的运动动画。

步骤 1.　复制算例

右键单击 SOLIDWORKS 软件左下方的【运动算例 1】标签页，从右键菜单中选择【复制算例】，如图 10-10 所示。

这样将会在【运动算例 1】标签页右侧出现一个新的【运动算例 2】标签页。【运动算例 2】中的内容与【运动算例 1】完全一致。

步骤 2.　编辑接触

确认【运动算例 2】为当前激活的算例。

右键单击"实体接触 2"，选择【编辑特征】。

勾选【摩擦】复选框。

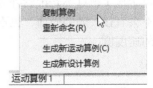

图 10-10　复制算例

将【动态摩擦系数】提高到 0.25，如图 10-11 所示。

单击【确定】图标 ✓ 。

步骤 3. 计算动画

单击【计算】图标 🔳，重新计算运动动画。

步骤 4. 查看图解

右键单击【结果】下方的"图解 2"，选择【显示图解】。

从图解中可以看到，当滚轮滚到斜面底部时，中心点的速度大约为 54 in/s，如图 10-12 所示。

步骤 5. 定义结果图解

在 MotionManager 的工具栏中单击【结果和图解】图标 🖱。

在【结果】下方的【选取类别】中选择【位移 / 速度 / 加速度】。

在【选取子类别】中选择【跟踪路径】。

在【选取一个点，此外还可选取一个参考零件来生成结果】中选择滚轮辐条的一个顶点，如图 10-13 所示。

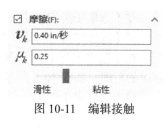

图 10-11　编辑接触

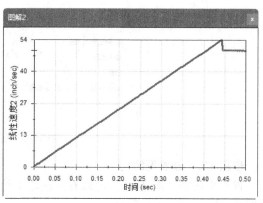

图 10-12　查看图解

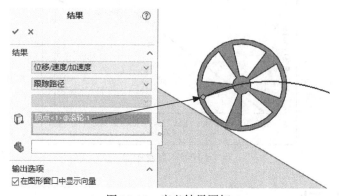

图 10-13　定义结果图解

单击【确定】图标 ✓ 。

观察这个辐条顶点经过的轨迹，发现它在最接近斜面的位置速度最低，形成一个比较尖锐的形状，如图 10-14 中画圈的地方。由于这个顶点不是滚轮外表面上的点，因此不会直接接触到斜面，也不会产生绝对为零的速度值。

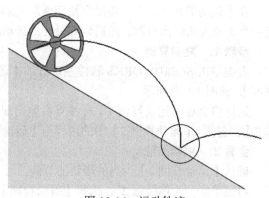

图 10-14　运动轨迹

10.3　低摩擦运动

在【运动算例 2】中，在滚轮与斜面之间给定了一个较大的摩擦系数。在新建运动算例中，将指定一个比较小的摩擦系数，然后计算最终的运动动画。

步骤 1.　复制算例

右键单击 SOLIDWORKS 软件左下方的【运动算例 2】标签页，从右键菜单中选择【复制算例】。

这样将会在【运动算例 2】标签页右侧出现一个新的【运动算例 3】标签页。【运动算例 3】中的内容与【运动算例 2】完全一致。

步骤 2.　编辑接触

确认【运动算例 3】为当前激活的算例。

右键单击"实体接触 3"，选择【编辑特征】。

将【动态摩擦系数】降低到 0.15，如图 10-15 所示。

单击【确定】图标 ✓。

图 10-15　编辑接触

步骤 3.　计算动画

单击【计算】图标，重新计算运动动画。

步骤 4.　查看图解

右键单击【结果】下方的"图解 4"，选择【显示图解】。

从图解中可以看到，当滚轮滚到斜面底部时，中心点的速度大约为 58 in/s，如图 10-16 所示。

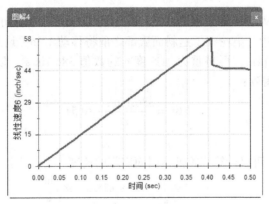

图 10-16　查看图解

步骤 5.　查看轨迹

观察辐条顶点经过的轨迹，发现它在最接近斜面的位置并未形成一个比较尖锐的形状，而是呈现一个非常平顺的形状，如图 10-17 中画圈的地方。这说明滚轮在摩擦系数较小的情况下，滚轮不但在斜面上滚动，而且由于摩擦力不足而同时产生了滑动。

步骤 6.　保存并关闭文件

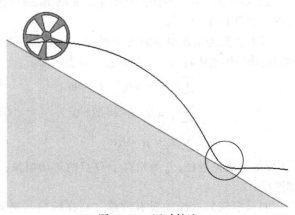

图 10-17　运动轨迹

10.4 理论支撑

由于这个实例比较简单，因此将通过理论推导，证明理论解析解与计算仿真结果是否一致。

1）无摩擦。在没有摩擦的情况下，先画出滚轮的受力示意图，如图 10-18 所示。

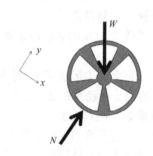

由受力示意图可以得到 x 和 y 方向的两个平衡力方程：

$$\sum F_x = W \sin\beta = ma_x \qquad (10\text{-}1)$$

$$\sum F_y = N - W \cos\beta = 0 \qquad (10\text{-}2)$$

式中，β 为斜面的倾斜角度（30°）。

因为重量等于质量 m 乘以重力加速度 g，而 x 方向的加速度 a_x 可以表示为：

图 10-18　无摩擦力的受力示意图

$$a_x = g \sin\beta \qquad (10\text{-}3)$$

加速度与时间的积分可以得到 x 方向的速度：

$$v_x = \int g \sin\beta \, \mathrm{d}t = g \sin\beta \, t + v_{x0} \qquad (10\text{-}4)$$

式中，v_{x0} 为 x 方向的初始速度。该速度积分后可以得到 x 方向移动的距离：

$$x = \int g\sin\beta \, t + v_{x0}\mathrm{d}t = \frac{g}{2}\sin\beta t^2 + v_{x0}t + x_0 \qquad (10\text{-}5)$$

式中，x_0 为初始位置。从起始位置来测量 x，则 x_0 为零。由于滚轮初始处于静止状态，因此 v_{x0} 也为零。在这个实例中，滚轮在抵达斜面底部之前将移动 12in（请参考图 10-4），即方程式中的 x 方向的位移 x 为 12in。再将重力加速度 g 的数值 386.1in/s²，以及 $\sin\beta$ 的数值 0.5（即 sin30°）代入方程式，得到：

$$12\text{in} = \frac{386.1 \, \text{in/s}^2}{2} \times 0.5 \, t^2 \qquad (10\text{-}6)$$

计算可得 t=0.353s。

代入式（10-4）中，可以计算滚轮抵达斜面底部的速度：

$$v_x = 386.1\frac{\text{in}}{\text{s}^2} \times 0.5 \times 0.353\text{s} = 68.1\frac{\text{in}}{\text{s}} \qquad (10\text{-}7)$$

2）有摩擦。在有摩擦的情况下，先画出滚轮的受力示意图，如图 10-19 所示。

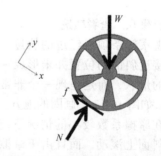

没有摩擦的滚轮滑动时可以视为一个质点，而带摩擦的滚轮将经历刚体转动，平衡方程可以表示如下：

$$\sum F_x = W \sin\beta - f = ma_x \qquad (10\text{-}8)$$

$$\sum F_y = N - W \cos\beta = 0 \qquad (10\text{-}9)$$

$$\sum M_c = fr = I_0 a \qquad (10\text{-}10)$$

图 10-19　带摩擦力的受力示意图

式中，r 为滚轮半径；I_0 为相对于 O 点的转动惯量；a 为角加速度。

如果滚轮只有滚动没有滑移，则在滚轮与斜面相接触的 O 点，其相对速度为零，如图

10-20 所示。由于斜面是固定的，所以 O 点的速度也为零。

因为 C 点是滚轮转动的中心，则滚轮中心的切向加速度（a_x）可以表示为：

$$a_x = ra \tag{10-11}$$

将式（10-11）代入式（10-8）中，求解摩擦力得到：

$$f = W\sin\beta - mra \tag{10-12}$$

再将式（10-12）代入式（10-10），求解角加速度：

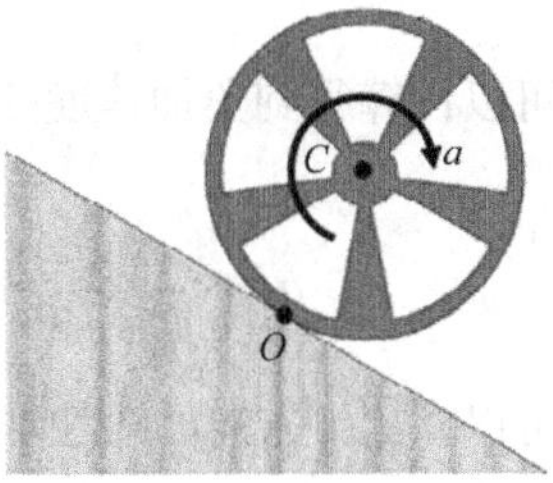

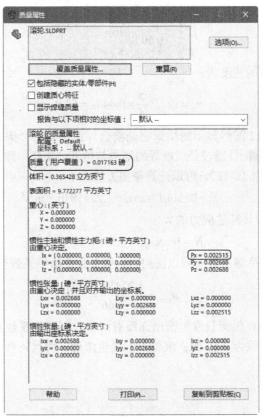

图 10-20　接触点相对速度

$$(W\sin\beta - mra)r = I_0 a \tag{10-13}$$

$$W\sin\beta r = I_0 a + mr^2 a \tag{10-14}$$

$$a = \frac{W(\sin\beta)r}{I_0 + mr^2} \tag{10-15}$$

可以直接从 SOLIDWORKS 软件中获取滚轮质量及转动惯量。打开滚轮零件，进入【评估】→【质量属性】，如图 10-21 所示。

图 10-21　【质量属性】对话框

对于滚轮而言，其数值分别为：

$$m = 0.017163\text{lb}^{\ominus} \tag{10-16}$$

⊖　1lb=0.4536kg。

$$I_0 = 0.002515 \text{lb} \cdot \text{in}^2 \qquad (10\text{-}17)$$

则可以计算得到角加速度的值：

$$a = \frac{W(\sin\beta)r}{I_0 + mr^2} = \frac{0.017163\text{lb} \times \frac{386.1\text{in}}{\text{s}^2} \times \sin 30° \times 0.5\text{in}}{0.002515\text{lb} \cdot \text{in}^2 + 0.017163\text{lb} \times (0.5\text{in})^2} = 243.4 \frac{1}{\text{s}^2} \qquad (10\text{-}18)$$

便可以求出 x 方向的线性加速度，即

$$a_x = ra = (0.5\text{in}) \times \left(243.4\frac{1}{\text{s}^2}\right) = 121.7\frac{\text{in}}{\text{s}^2} \qquad (10\text{-}19)$$

通过积分可以得到任意时刻的速度及位置，即

$$v_x = \int a_x \mathrm{d}t = a_x t + v_{x0} = 121.7\frac{\text{in}}{\text{s}^2}t \qquad (10\text{-}20)$$

$$x = \int (a_x t + v_{x0})\mathrm{d}t = \frac{1}{2}a_x t^2 + v_{x0} + x_0 = 60.85\frac{\text{in}}{\text{s}^2}t^2 \qquad (10\text{-}21)$$

滚轮在 x 方向需要运行 12in，所需时间为：

$$t = \sqrt{\frac{12\text{in}}{60.85\frac{\text{in}}{\text{s}^2}}} = 0.444\text{s} \qquad (10\text{-}22)$$

滚轮滚到斜面底部时的速度为：

$$v_x = 121.7\frac{\text{in}}{\text{s}^2} \times 0.444\text{s} = 54.0\frac{\text{in}}{\text{s}} \qquad (10\text{-}23)$$

这个解析解与图 10-12 图解显示的结果完全吻合。这说明在摩擦力足够的情况下（滚轮在斜面只发生滚动而没有滑移），通过公式推导的结果与仿真结果是一致的。

通过式（10-8）和式（10-11），可以计算摩擦力的大小：

$$f = W\sin\beta - mra = 1.22458\ \text{lb} \cdot \text{in/s}^2 \qquad (10\text{-}24)$$

通过式（10-9），可以计算法向力的大小：

$$N = W\cos\beta = 5.73866\text{lb} \cdot \text{in/s}^2 \qquad (10\text{-}25)$$

因为最大摩擦力等于摩擦系数 μ 乘以法向力，因此最小摩擦系数至少为：

$$\mu_{\min} = \frac{1.22458}{5.73866} = 0.21 \qquad (10\text{-}26)$$

也就是说，要想滚轮在斜面只发生滚动而没有滑移，则摩擦系数必须大于或等于 0.21。这也解释了之前设置摩擦系数为 0.15 时，滚轮不但发生滚动，而且还会发生滑移，最终"连滚带爬"地从斜面滚落下来。

第 11 章
猎人射猴问题在运动仿真中的实现

【学习目标】

1）掌握实体接触的条件。

2）设定不同的初始条件。

3）基于计算结果生成图表。

11.1 实例描述

猎人射猴是一个古老的命题，即猎人在瞄准猴子扣动扳机的同时，猴子受到惊吓从树上自由下落。下落过程中猴子是否会被射中（见图11-1）？有人认为子弹出膛后在空中会飞行一段时间，无法射中猴子，因此猴子会幸免于难。但是，事实证明猴子会被子弹射中。

下面通过公式推导、物理实验、虚拟运动仿真等方式来更深入地解读这个问题。

11.2 公式推导

图 11-1 猎人射猴示意图

其实，这个问题对于在国内学过高中物理的学生来说，不难用运动学的知识来给出答案。先画出简化的运动学示意图，如图 11-2 所示。下面通过公式推导来证明这个物理问题。

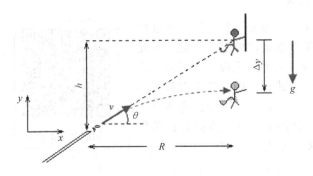

图 11-2 运动学示意图

图 11-2 中，猎人距离大树 R，枪口和树上猴子最初的落差为 h。枪响之前，猎人是瞄准猴子的，即枪管的延长线相交于树上猴子的位置。枪响之后，猴子做自由落体运动。给定子弹出膛的速度为 v，枪管和水平线之间的夹角为 θ。

由上面给定的条件，可以将速度 v 分解成水平速度 $v\cos\theta$ 和竖直速度 $v\sin\theta$，假定子弹飞行 t 后，子弹可以击中猴子，按照猴子的竖直位置可以得出：

$$v\,t\sin\theta - \frac{1}{2}gt^2 = h - \frac{1}{2}gt^2 \tag{11-1}$$

该公式简化为：

$$v\,t\sin\theta = h \tag{11-2}$$

子弹在水平方向飞行的距离可以表示为：

$$v\,t\cos\theta = R \tag{11-3}$$

由式（11-2）和式（11-3）可以得出：

$$\tan\theta = \frac{h}{R} \tag{11-4}$$

从式（11-4）可以验证最初的假设是正确的。因此，只要子弹可以在猴子掉落到地面之前飞行 R 距离，猴子就一定会被猎人射杀。

想一想

当然，这是以猎人的视角求解所得结果。如果以猴子的视角看待这个问题，所列公式应该是怎么样的呢？

同时，也请大家思考一下，在哪种情况下，猎人射出的子弹无法击中猴子？

11.3 物理实验

很多高校的教授也在各种场合验证了猎人射猴的问题，如麻省理工学院（MIT）的著名教授 Walter Lewin 在公开课上的实验，详见随书视频 "Walter Lewin.mp4"。在这个视频里，大家可以看到 Lewin 教授以猴子的视角列出的方程组。台湾大学周祥顺教授也做了类似的实验。毫无疑问，这些实验得到了和公式推导一致的结果。

11.4 虚拟运动仿真

上面提到的物理实验，需要耗费大量时间进行道具的准备，而且对实验场地的要求也不低，因此在国内很难推广和普及。除了在黑板上板书公式之外，难道就没有更好的方式让国内的学生也触及不同的教学体验吗？答案是否定的。下面，将通过在 SOLIDWORKS Motion 软件中，进行虚拟的运动仿真，来验证猎人射猴这一问题。

扫码看 3D 动画

扫码看视频

11.4.1 模型简化

使用 SOLIDWORKS Motion，不需要占用太多的准备时间，所有的道具都是虚拟的，因此是一种经济实惠的体验方式。读者只需预先设定好运动算例，求解出各个运动物体的运动轨迹，并通过计算机仿真的动画结果进行呈现。

在这个实例中，首先，需要建立一个简化的模型。为了使画面不过于血腥，使用球体代表猴子，使用圆柱锥体代表子弹，如图 11-3 所示。

图 11-3　简化模型

提醒

　　在这个装配体中只包含两个零件，但是需要确保这两个零件不包含固定约束。如果发现任意一个零件在装配体中是固定的约束状态，请右击该零件，并从弹出的菜单中选择【浮动】，这样设置才能确保两个零件在仿真过程中可以移动。

11.4.2　共有参数设置

可以采取不同的运动算例，来赋予子弹不同的出膛速度。这些运动算例中拥有一些相同的属性，可以先期在一个算例中设定好这些共同属性，然后通过复制的方式，快速建立其他运动算例。

步骤 1．打开装配体

从"第 11 章 \ 起始文件"中打开"Assem1.SLDASM"。

步骤 2．检查零件的约束状态

从 FeatureManager 设计树中，看到"Ball"（代表猴子的球体）和"bullet"（代表子弹的圆柱锥体）都设为浮动状态，从零件名前面的符号（－）可以判断。

步骤 3．进入运动算例

切换到【运动算例 1】页面，从【算例类型】中选择【Motion 分析】。

步骤 4．添加引力

圆柱锥体在飞行过程中，以及球体在自由落体过程中，都将受到地球引力的作用。在工具栏中单击【引力】，将方向更改为 Y，如图 11-4 所示。

单击【确定】图标 。

图 11-4　引力方向

步骤 5．更改结束时间

将运动仿真的结束时间设定为 1s。单击右下角的【整屏显示全图】图标，在时间轴中最大化地显示 1s 的时间范围。

步骤 6．添加接触

由于圆柱锥体和球体会发生预期中的碰撞，因此需要对二者设定接触条件。在工具栏中单击【接触】，保持默认的【接触类型】为【实体】，在【选择】栏中选择圆柱锥体和球体对应的两个零件，如图 11-5 所示。其他选项保持默认，单击【确定】图标 。

图 11-5　设置接触

11.4.3 方法一：加速度法

想一想

先来分析一下子弹真实的工作原理。首先，子弹在枪管里处于静止状态。发射时由撞针撞击底火，使发射药燃烧，产生气体将弹头推出。在短暂的时间内，子弹头由静止状态加速到高速状态，而在子弹头出膛之后，不再拥有加速能力。

步骤7. 创建"加速度1"算例

右击【运动算例1】，选择【复制】，系统将自动生成一个新的运动算例【运动算例2】。右击【运动算例2】，选择【重新命名】，输入"加速度1"。

步骤8. 创建马达

在工具栏中单击【马达】 ，从【马达类型】中选择【线性马达（驱动器）】。在【零部件/方向】下的【马达位置】处选择圆柱锥体的圆柱面。如果显示的子弹飞行方向箭头朝向不对，则需要选择【反向】图标 ，如图11-6所示。

步骤9. 绘制加速度图表

在【运动】类型中选择【线段】，弹出【函数编制程序】对话框。在【值（y）】中选择加速度（mm/s^2）。假定在枪管中的加速度为300000mm/s^2，在枪管内加速的时间为0.02s，如图11-7输入表格中对应的数值。单击【确定】按钮，退出【函数编制程序】对话框。单击【确定】。

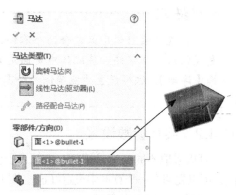

图 11-6 设定线性马达

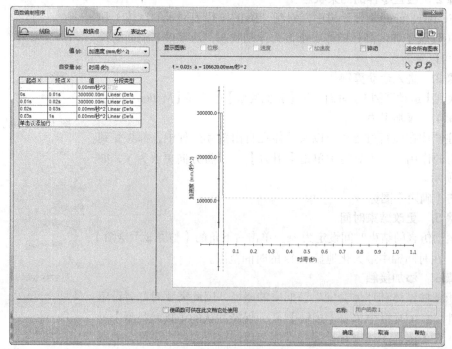

图 11-7 加速图表

步骤 10.　计算运动算例

在工具栏中单击【计算】图标，软件将运行一段时间，大约在 1s 的时刻，圆柱锥体才会碰到代表猴子的球体，如图 11-8 所示。

> **想一想**
>
> 　　圆柱锥体几乎在球体下落到地面的位置才击中它。从这个结果来看，圆柱锥体出膛的速度不高。可以通过调整圆柱锥体在枪管中运行的时间，或调整加速度的大小，来达到提升圆柱锥体出膛速度的目的。

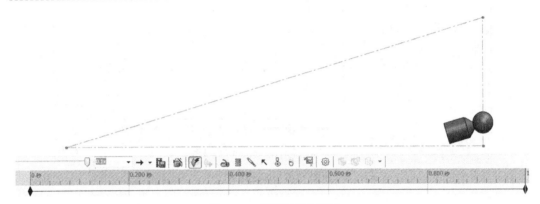

图 11-8　碰撞位置示意图

步骤 11.　创建"加速度 2"算例

右击"加速度 1"，选择【复制】，将新生成的算例重新命名为"加速度 2"。

步骤 12.　编辑线性马达

右击"线性马达 2"，选择【编辑特征】。

步骤 13.　修改加速度图表

单击【运动】栏中的【编辑】，将之前定义的加速度大小从 $300000mm/s^2$ 修改为 $400000mm/s^2$。其他数值保持不变，如图 11-9 所示。单击【确定】按钮退出【函数编制程序】对话框。单击【确定】。

步骤 14.　计算运动算例

在工具栏中单击【计算】图标。可以发现，这次圆柱锥体只需飞行 0.7s 左右便可以击中球体。而且圆柱锥体击中球体时，球体距离地面还有很长一段距离，如图 11-10 所示。

11.4.4　方法二：等速法

> **想一想**
>
> 　　前面讲到，子弹头出膛之后，不再拥有加速能力。因此，只要设定子弹出膛后的均匀速度即可。设置这个均匀速度也有两种不同的方式，先给大家介绍的是等速法。

步骤 15.　创建等速 1 算例

右击"加速度 2"，选择【复制】。将新生成的算例重新命名为"等速 1"。

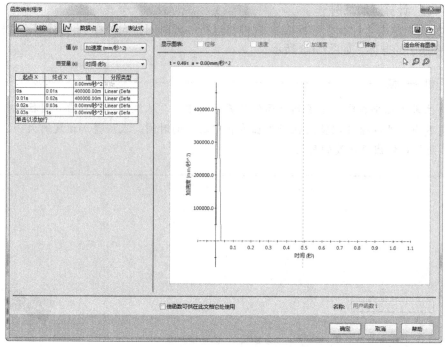

图 11-9　加速图表

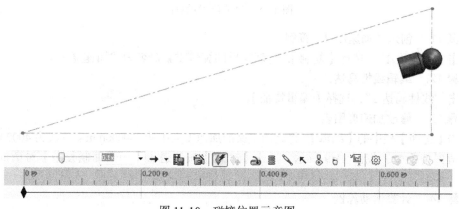

图 11-10　碰撞位置示意图

步骤 16.　编辑线性马达

右击"线性马达 3"，选择【编辑特征】。

步骤 17.　修改运动类型

在【运动】类型中选择【等速】，在【速度】中输入 20000mm/s。单击【确定】按钮。

步骤 18.　计算运动算例

在工具栏中单击【计算】图标 📖。可以发现，猴子在下落过程中会被击中。

11.4.5　方法三：初始速度法

步骤 19.　创建初始速度算例

右击"等速 1"，选择【复制】。将新生成的算例重新命名为"初始速度"。

提醒

初始速度法跟上面提到的等速法思路相同，只是实现途径不一样。下面给出初始速度法的创建步骤。

步骤 20. 压缩线性马达

右击"线性马达 4"，选择【压缩】，这样线性马达特征就不起作用了。当然，用户也可以删除线性马达特征，起到的效果是一样的。

步骤 21. 选择初始速度

需要对圆柱锥体设定一个初始速度。在 Motion 仿真树中，右击"bullet"并选择"初始速度"，如图 11-11 所示。

步骤 22. 设定初始速度

在【参数】下的【初始线性速度】处选择圆柱锥体的圆柱面。如果显示的圆柱锥体飞行方向箭头朝向不对，则需要选择【反向】图标 ↗。输入 20000mm/s，如图 11-12 所示，单击【确定】图标 ✓。

 提醒

读者可能会发出疑问，刚才创建的初始速度特征藏哪里去了？因为这个特征出现的位置并不明显，初学者不太容易找到它。其实只要展开 "Initial Velocity" 文件夹，便可以找到刚才定义的初始速度特征了，如图 11-13 所示。

图 11-11 初始速度

图 11-12 设置初始速度

图 11-13 初始速度位置

步骤 23. 计算运动算例

在工具栏中单击【计算】图标 ▣。可以发现，球体在下落过程中也会被击中。

步骤 24. 计算圆柱锥体飞行轨迹

圆柱锥体受到重力的影响，飞行轨迹是一条抛物线。在工具栏中单击【结果和图解】图标

, 在【结果】下方选择【位移 / 速度 / 加速度】,【跟踪路径】, 选择圆柱锥体的顶点, 并勾选
【输出选项】下的【在图形窗口中显示向量】复选框, 如图 11-14 所示。

绘制的轨迹会以黑色线条显示在图形区域, 如图 11-15 所示, 单击【确定】图标 ✓。

图 11-14　结果设定

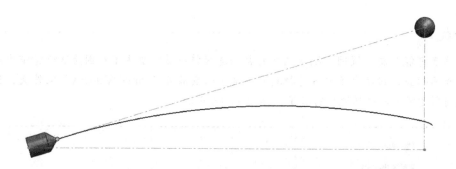

图 11-15　圆柱锥体运行轨迹

✍️想一想

　　前面给大家留了一个疑问: 在哪种情况下, 猎人射出的子弹无法击中猴子? 通过一
系列算例的讲解, 大家心中应该有答案了吧? 其实也很简单, 只要子弹的初始速度足够
低, 在猴子落地之前就先行入土, 那么猴子就可以逃过此劫了。下面通过具体的计算来
验证这个问题。

步骤 25.　创建低速算例
右击 "等速 1", 选择【复制】。将新生成的算例重新命名为 "等速 2"。

步骤 26.　编辑线性马达
右击 "线性马达 5", 选择【编辑特征】。

步骤 27.　修改运动类型
将【速度】从 20000mm/s 降到 10000mm/s, 单击【确定】按钮。

步骤 28. 计算运动算例

在工具栏中单击【计算】图标 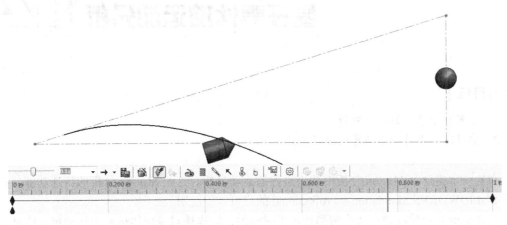。可以发现，子弹在飞行 0.8s 左右时便接触代表地面的水平虚线了，因此无法射中猴子，如图 11-16 所示。

图 11-16　圆柱锥体运行轨迹

第12章 基于事件的运动分析

【学习目标】

1) 设置基于事件的运动分析。

2) 学习基于事件的运动算例编辑工具。

在这一章将学习 Motion 分析中基于事件的运动分析。这是 Motion 分析的特殊功能，必须拥有 SOLIDWORKS Simulation® Professional 的许可才能使用。

在之前章节中学习的运动算例都是基于时间的，它描述对装配体运动中运动单元内基于时间更改的响应。总结一下，基于时间的运动分析具有以下几个特点：

1) 通过指定每个部件发生运动的确切时间来获取系统的连续位移。

2) 动作在规定时间发生和持续。

3) 需要指定关键帧来调整工作部件的输入或结构。

4) 必须提前计算出部件之间如何相互作用，以及何时发生相互作用。

基于时间的运动分析会面对一些挑战，比如：

1) 它并不能典型地展示设备工作的原理。

2) 很难基于结果再进行更改。

3) 它更适合应用在简单的系统，或整个运动完全由凸轮定义时。

而基于事件的运动分析是以一组基于触发事件产生的运动作用来定义的。使用基于事件的运动分析时，所有操作都可以与其他事件相关。当工程师在优化周期或在产品设计早期阶段，显得尤其适用。当用户不知道单元更改的准确时间顺序时，可以考虑创建基于事件的运动算例。用户可通过计算基于事件的运动算例来获取单元更改的时间顺序。基于事件的运动分析具有以下特点：

1) 对于非专业人士而言，它是一个革命性的工具。

2) 它是一款轻量化的控制系统。

① 它的动作由事件触发，而不是通过时间触发来生成运动仿真。

② 使用伺服电动机来控制动作，并通过靠近报警传感器来触发动作。

3) 设计师和工程师可以很清楚地描述他们的设计意图，并跟控制部门的团队进行交流。

基于事件的运动需要定义一组任务。这组任务在时间上可以是连续的，也可以是重叠的。每项任务都通过触发事件以及操作其相关任务来定义。任务操作可以控制或定义任务中的运动。

在下面这个示例中，将使用基于事件的运动分析来模拟一台挖掘机的运动过程。其实在第 3 章中，使用过配合控制器动画来表现挖掘机的运动。学完本章后，大家可以体会一下这两种不同仿真方式的差异。

12.1　马达设置

步骤 1.　打开模型文件

从"第 12 章 \ 起始文件 \ 挖掘机"文件夹中打开装配体模型"Excavator.SLDASM",如图 12-1 所示。

步骤 2.　激活运动算例

单击 SOLIDWORKS 软件左下方的【运动算例1】标签页,确认在【算例类型】中选择了【Motion分析】。

扫码看 3D 动画

扫码看视频

图 12-1　挖掘机模型

> **提醒**
>
> 　　在这个示例中,计划控制挖掘机的驾驶室绕底盘转动,并且控制三个伸缩杆的直线运动来调节挖掘机手臂及挖斗的位置。因此,需要定义一个旋转马达及三个线性马达,如图 12-2 所示。

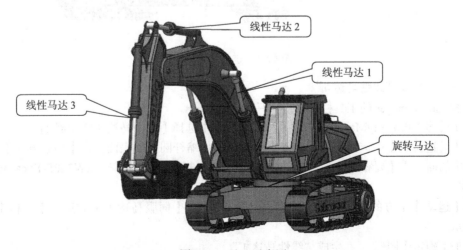

图 12-2　马达示意图

步骤 3．定义旋转马达

在 MotionManager 的工具栏中单击【马达】图标 。

在【马达】的 PropertyManager 中，在【马达类型】中选择【旋转马达】。

在【马达位置】中选择底盘上方的圆柱面，并单击【马达方向】前方的【反向】图标 ，使方向显示为顺时针方向。

在【运动】下方的函数中选择【伺服马达】，并在【伺服马达】下方选择【位移】，如图 12-3 所示。

单击【确定】图标 ✓，生成【旋转马达 1】。

> **提醒**
>
> 当选择函数中的【伺服马达】时，程序会自动提醒"使用基于事件的运动视图来控制此马达的值"。这也提醒我们只有进入基于事件的运动视图，才能控制这个旋转马达的运动。

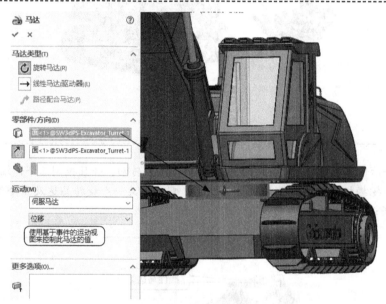

图 12-3　定义旋转马达

步骤 4．定义"线性马达 1"

在 MotionManager 的工具栏中单击【马达】图标 。

在【马达】PropertyManager 中的【马达类型】中选择【线性马达（驱动器）】。

在【马达位置】中选择靠近驾驶室一侧较细的伸缩杆圆柱外表面，在【马达方向】中保持默认选中的面，在【要相对此项而移动的零部件】中选择外面的套筒 "SW3dPS-Excavator_Hy-dRam-3"。

在【运动】下方的函数中选择【伺服马达】，并在【伺服马达】下方选择【位移】，如图 12-4 所示。

单击【确定】图标 ✓，生成"线性马达 1"。

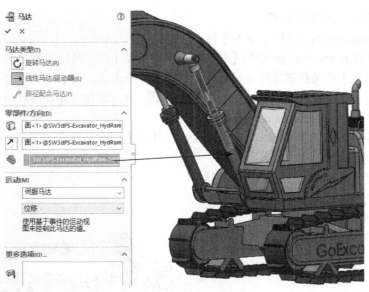

图 12-4　定义线性马达 1

步骤 5.　定义"线性马达 2"

在 MotionManager 的工具栏中单击【马达】图标。

在【马达】PropertyManager 中的【马达类型】中选择【线性马达（驱动器）】。

在【马达位置】中选择位于中间较细的伸缩杆圆柱外表面，在【马达方向】中保持默认选中的面，并单击【马达方向】前方的【反向】图标，在【要相对此项而移动的零部件】中选择外面的套筒"SW3dPS-Excavator_HydRam-4"。

在【运动】下方的函数中选择【伺服马达】，并在【伺服马达】下方选择【位移】，如图12-5 所示。

单击【确定】图标，生成"线性马达 2"。

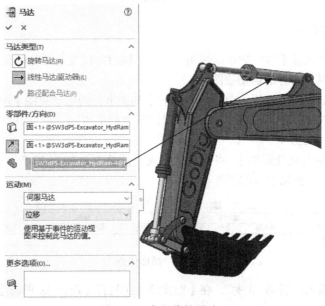

图 12-5　定义线性马达 2

步骤 6. 定义"线性马达 3"

在 MotionManager 的工具栏中单击【马达】图标 ⚙。

在【马达】PropertyManager 中的【马达类型】中选择【线性马达（驱动器）】。

在【马达位置】中选择靠近挖斗较细的伸缩杆圆柱外表面，在【马达方向】中保持默认选中的面，并单击【马达方向】前方的【反向】图标 ↗，在【要相对此项而移动的零部件】中选择外面的套筒"SW3dPS-Excavator_HydRam -1"。

在【运动】下方的函数中选择【伺服马达】，并在【伺服马达】下方选择【位移】，如图 12-6 所示。

单击【确定】图标 ✓，生成"线性马达 3"。

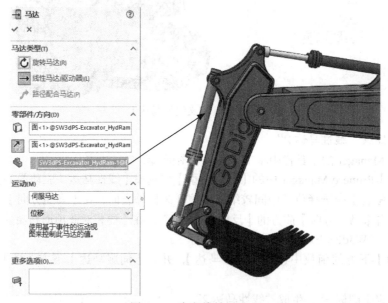

图 12-6　定义线性马达 3

12.2　任务设置

接下来，需要进入基于事件的运动视图，定义不同时间段发生的各种动作。

步骤 7. 进入基于事件的运动视图

在 MotionManager 的工具栏，单击最右侧的【基于事件的运动视图】图标 ▦。如果想要切换回时间线视图，则只需在同样的位置单击【时间线视图】图标 ▤。

步骤 8. 添加"任务 1"

单击底部的【单击此处添加】，将会自动生成"任务 1"，如图 12-7 所示。在这个任务中，计划保持底盘不动，挖掘机上面的部件转动 90°。

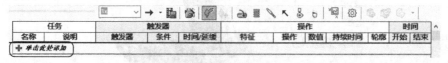

任务		触发器			操作					时间	
名称	说明	触发器	条件	时间/延缓	特征	操作	数值	持续时间	轮廓	开始	结束
➕ 单击此处添加											

图 12-7　添加任务

在【说明】中输入"转动 90 度"，在【触发器】中选择【时间】，单击【确定】按钮，如图 12-8 所示。

在【时间 / 延缓】中输入 "0s"，在【特征】中选择【Motors】下方的 "旋转马达 1"，单击
【确定】按钮，如图 12-9 所示。

在【操作】中选择【更改】，并在【数值】中输入 "90deg"，在【持续时间】中输入 "5s"，
并在【轮廓】中选择【摆线】，如图 12-10 所示。在【轮廓】中有多种选项，这里没有选择默认
的【线性】，这是因为主臂在转动启停时速度要放慢，选择【摆线】更合适。读者也可以选择不
同的【轮廓】类型来体验它们之间的差别。

图 12-8　选择触发器　　　图 12-9　选择特征　　　图 12-10　选择轮廓

单击【计算】图标 ，挖掘机上部整体转动了 90°，而且软件将自动填充 "任务 1" 中
【开始】和【结束】的时间，如图 12-11 所示。

任务		触发器			操作					时间	
名称	说明	触发器	条件	时间/延缓	特征	操作	数值	持续时间	轮廓	开始	结束
任务1	转动90度	时间		0s	旋转马达1	更改	90deg	5s		0s	5s
单击此处添加											

图 12-11　"任务 1" 完成情况

步骤 9.　添加任务 2

单击底部的【单击此处添加】，将会自动生成 "任务 2"。在这个任务中，计划在一开始就
将 "线性马达 1" 对应的伸缩杆推进 1in。

在【说明】中输入 "抬升主臂"，在【触发器】中选择上一步中刚刚建立的 "任务 1"，在
【条件】中选择【任务开始】，【特征】中选择 "线性马达 1"，在【操作】中选择【更改】，在
【数值】中输入 "1in"，【持续时间】中输入 "3s"，在【轮廓】中选择【摆线】。

单击【计算】图标 ，验证到目前为止的运动分析结果。可以看到在 0~3s，挖掘机上部
不但在 "任务 1" 的作用下做旋转运动，而且在 "任务 2" 的作用下，主臂往上抬升；在 3~5s，
只有 "任务 1" 作用下的旋转运动符合定义。同时，软件将自动填充 "任务 2" 中【开始】和
【结束】的时间，如图 12-12 所示。

任务		触发器			操作					时间	
名称	说明	触发器	条件	时间/延缓	特征	操作	数值	持续时间	轮廓	开始	结束
任务1	转动90度	时间		0s	旋转马达1	更改	90deg	5s		0s	5s
任务2	抬升主臂	任务1	任务开始	<无>	线性马达1	更改	1in	3s		0s	3s
单击此处添加											

图 12-12　"任务 2" 完成情况

步骤 10. 添加"任务 3"

单击底部的【单击此处添加】，将会自动生成"任务 3"。在这个任务中，计划在一开始就将"线性马达 2"对应的伸缩杆缩进 1in。

在【说明】中输入"控制辅臂"，在【触发器】中选择"任务 1"，在【条件】中选择【任务开始】，【特征】中选择"线性马达 2"，在【操作】中选择【更改】，在【数值】中输入"−1in"，【持续时间】中输入"2s"，在【轮廓】中选择【摆线】。

单击【计算】图标 ，验证到目前为止的运动分析结果。可以看到在 0~2s，挖掘机上部不但在"任务 1"的作用下做旋转操作，而且在"任务 2"的作用下，主臂往上抬升，并且在"任务 3"的作用下，辅臂做收缩的动作；在 2~3s，挖掘机上部不但在"任务 1"的作用下做旋转操作，而且在"任务 2"的作用下，主臂往上抬升；在 3~5s，只有"任务 1"作用下的旋转运动符合定义。同时，软件将自动填充"任务 3"中【开始】和【结束】的时间，如图 12-13 所示。

任务		触发器			操作					时间	
名称	说明	触发器	条件	时间/延缓	特征	操作	数值	持续时间	轮廓	开始	结束
任务1	转动90度	时间		0s	旋转马达1	更改	90deg	5s		0s	5s
任务2	抬升主臂	任务1	任务开始	<无>	线性马达1	更改	1in	3s		0s	3s
任务3	控制辅臂	任务1	任务开始	<无>	线性马达2	更改	-1in	2s		0s	2s
单击此处添加											

图 12-13 "任务 3"完成情况

步骤 11. 添加"任务 4"

单击底部的【单击此处添加】，将会自动生成"任务 4"。在这个任务中，计划在一开始就将"线性马达 3"对应的伸缩杆缩进 1in。

在【说明】中输入"控制挖斗"，在【触发器】中选择"任务 1"，在【条件】中选择【任务开始】，【特征】中选择"线性马达 3"，在【操作】中选择【更改】，在【数值】中输入"−1in"，【持续时间】中输入"1s"，在【轮廓】中选择【摆线】。

单击【计算】图标 ，验证到目前为止的运动分析结果。可以看到在 0~1s，整个挖掘机将在四个马达（一个旋转马达，三个线性马达），即四个任务作用下运动；在 1~2s，挖掘机上部不但在"任务 1"的作用下做旋转操作，而且在"任务 2"的作用下，主臂往上抬升，还在"任务 3"的作用下，辅臂做收缩的动作；在 2~3s，挖掘机上部不但在"任务 1"的作用下做旋转操作，而且在"任务 2"的作用下，主臂往上抬升；在 3~5s，只有"任务 1"作用下的旋转运动符合定义。同时，软件将自动填充"任务 4"中【开始】和【结束】的时间，如图 12-14 所示。

任务		触发器			操作					时间	
名称	说明	触发器	条件	时间/延缓	特征	操作	数值	持续时间	轮廓	开始	结束
任务1	转动90度	时间		0s	旋转马达1	更改	90deg	5s		0s	5s
任务2	抬升主臂	任务1	任务开始	<无>	线性马达1	更改	1in	3s		0s	3s
任务3	控制辅臂	任务1	任务开始	<无>	线性马达2	更改	-1in	2s		0s	2s
任务4	控制挖斗	任务1	任务开始	<无>	线性马达3	更改	-1in	1s		0s	1s
单击此处添加											

图 12-14 "任务 4"完成情况

步骤 12. 添加"任务 5"

单击底部的【单击此处添加】，将会自动生成"任务 5"。在这个任务中，计划在"任务 1"结束 0.5s 后，将主臂的伸缩杆缩进 1.5in。

在【说明】中输入"降低主臂"，在【触发器】中选择"任务 1"，在【条件】中选择【任务结束】，在【时间 / 延缓】中输入 "0.5s 延缓"，【特征】中选择 "线性马达 1"，在【操作】中选择【更改】，在【数值】中输入 "–1.5in"，【持续时间】中输入 "3s"，在【轮廓】中选择【摆线】。

单击【计算】图标 ，验证到目前为止的运动分析结果。

提醒

> 大家发现【开始】和【结束】的时间没有自动填充，需要手动增加整个动画的时长。在 MotionManager 的工具栏中单击【时间线视图】图标。由于 "任务 1" 的时间总长为 5s，"任务 5" 的时间总长为 3s，之间还有 0.5s 的延缓，因此可以将整个动画的时间调整为（5+0.5+3）s=8.5s。调整完毕，在 MotionManager 的工具栏，单击最右侧的【基于事件的运动视图】图标，切换回基于事件的运动视图。

重新计算之后，软件将自动填充 "任务 5" 中【开始】和【结束】的时间，如图 12-15 所示。

任务		触发器			操作					时间	
名称	说明	触发器	条件	时间/延缓	特征	操作	数值	持续时间	轮廓	开始	结束
任务1	转动90度	时间			0s	旋转马达1	更改	90deg	5s		0s	5s
任务2	抬升主臂	任务1	任务开始	<无>	线性马达1	更改	1in	3s		0s	3s
任务3	控制辅臂	任务1	任务开始	<无>	线性马达2	更改	-1in	2s		0s	2s
任务4	控制挖斗	任务1	任务开始	<无>	线性马达3	更改	-1in	1s		0s	1s
任务5	降低主臂	任务1	任务结束	0.5s 延缓	线性马达1	更改	-1.5in	3s		5.5s	8.5s
单击此处添加											

图 12-15　"任务 5" 完成情况

步骤 13.　添加 "任务 6"

单击底部的【单击此处添加】，将会自动生成 "任务 6"。在这个任务中，计划在 "任务 1" 结束 0.5s 后，将 "线性马达 2" 对应的伸缩杆缩进 0.5in。

在【说明】中输入 "控制辅臂"，在【触发器】中选择 "任务 1"，在【条件】中选择【任务结束】，在【时间 / 延缓】中输入 "0.5s 延缓"，【特征】中选择 "线性马达 2"，在【操作】中选择【更改】，在【数值】中输入 "–0.5in"，【持续时间】中输入 "3s"，在【轮廓】中选择【摆线】。

单击【计算】图标 ，验证到目前为止的运动分析结果。软件将自动填充 "任务 6" 中【开始】和【结束】的时间，如图 12-16 所示。

任务		触发器			操作					时间	
名称	说明	触发器	条件	时间/延缓	特征	操作	数值	持续时间	轮廓	开始	结束
任务1	转动90度	时间			0s	旋转马达1	更改	90deg	5s		0s	5s
任务2	抬升主臂	任务1	任务开始	<无>	线性马达1	更改	1in	3s		0s	3s
任务3	控制辅臂	任务1	任务开始	<无>	线性马达2	更改	-1in	2s		0s	2s
任务4	控制挖斗	任务1	任务开始	<无>	线性马达3	更改	-1in	1s		0s	1s
任务5	降低主臂	任务1	任务结束	0.5s 延缓	线性马达1	更改	-1.5in	3s		5.5s	8.5s
任务6	控制辅臂	任务1	任务结束	0.5s 延缓	线性马达2	更改	-0.5in	3s		5.5s	8.5s
单击此处添加											

图 12-16　"任务 6" 完成情况

步骤 14.　添加 "任务 7"

单击底部的【单击此处添加】，将会自动生成 "任务 7"。在这个任务中，计划在 "任务 6"

结束 0.5s 后，将"线性马达 2"对应的伸缩杆伸长 1.15in。

在【说明】中输入"伸长辅臂"，在【触发器】中选择"任务 6"，在【条件】中选择【任务结束】，在【时间/延缓】中输入"0.5s 延缓"，【特征】中选择"线性马达 2"，在【操作】中选择【更改】，在【数值】中输入"1.15in"，【持续时间】中输入"1s"，在【轮廓】中选择【摆线】。

由于整个动画时间长度又有所增加，按照步骤 12 的方法，将动画时间长度增加到 10s（8.5+0.5+1=10）。

单击【计算】图标 ，验证到目前为止的运动分析结果。软件将自动填充"任务 7"中【开始】和【结束】的时间，如图 12-17 所示。

任务		触发器			操作					时间	
名称	说明	触发器	条件	时间/延缓	特征	操作	数值	持续时间	轮廓	开始	结束
任务1	转动90度	时间		0s	旋转马达1	更改	90deg	5s		0s	5s
任务2	抬升主臂	任务1	任务开始	<无>	线性马达1	更改	1in	3s		0s	3s
任务3	控制辅臂	任务1	任务开始	<无>	线性马达2	更改	-1in	2s		0s	2s
任务4	控制挖斗	任务1	任务开始	<无>	线性马达2	更改	-1in	1s		0s	1s
任务5	降低主臂	任务1	任务结束	0.5s 延缓	线性马达1	更改	-1.5in	3s		5.5s	8.5s
任务6	控制辅臂	任务1	任务结束	0.5s 延缓	线性马达2	更改	-0.5in	3s		5.5s	8.5s
任务7	伸长辅臂	任务6	任务结束	0.5s 延缓	线性马达2	更改	1.15in	1s		9.01s	10.01s
单击此处添加											

图 12-17 "任务 7"完成情况

步骤 15. 添加"任务 8"

单击底部的【单击此处添加】，将会自动生成"任务 8"。在这个任务中，计划在"任务 6"结束 0.5s 后，将"线性马达 1"对应的伸缩杆伸长 1in。

在【说明】中输入"伸长主臂"，在【触发器】中选择"任务 6"，在【条件】中选择【任务结束】，在【时间/延缓】中输入"0.5s 延缓"，【特征】中选择"线性马达 1"，在【操作】中选择【更改】，在【数值】中输入"1in"，【持续时间】中输入"3s"，在【轮廓】中选择【摆线】。

由于整个动画时间长度又有所增加，可以按照步骤 12 的方法将动画时间长度增加到 12s（8.5+0.5+3=12）。但是，随着任务的增多，经常调整动画的时间长度会显得效率不高。可以先将整个动画的时间长度设大一些，等最后一个任务完成后，再来设置最终的动画时间长度。这里暂且把动画时间长度设置为 20s。

单击【计算】图标 ，验证到目前为止的运动分析结果。软件将自动填充"任务 8"中【开始】和【结束】的时间，如图 12-18 所示。

任务		触发器			操作					时间	
名称	说明	触发器	条件	时间/延缓	特征	操作	数值	持续时间	轮廓	开始	结束
任务1	转动90度	时间		0s	旋转马达1	更改	90deg	5s		0s	5s
任务2	抬升主臂	任务1	任务开始	<无>	线性马达1	更改	1in	3s		0s	3s
任务3	控制辅臂	任务1	任务开始	<无>	线性马达2	更改	-1in	2s		0s	2s
任务4	控制挖斗	任务1	任务开始	<无>	线性马达3	更改	-1in	1s		0s	1s
任务5	降低主臂	任务1	任务结束	0.5s 延缓	线性马达1	更改	-1.5in	3s		5.5s	8.5s
任务6	控制辅臂	任务1	任务结束	0.5s 延缓	线性马达2	更改	-0.5in	3s		5.5s	8.5s
任务7	伸长辅臂	任务6	任务结束	0.5s 延缓	线性马达2	更改	1.15in	1s		9.01s	10.01s
任务8	伸长主臂	任务6	任务结束	0.5s 延缓	线性马达1	更改	1in	3s		9.01s	12.01s
单击此处添加											

图 12-18 任务 8 完成情况

步骤 16. 添加"任务 9"

单击底部的【单击此处添加】，将会自动生成"任务 9"。在这个任务中，计划在任务 6 结束 0.5s 后，将线性马达 3 对应的伸缩杆伸长 1.15in。

在【说明】中输入"收起挖斗",在【触发器】中选择"任务 6",在【条件】中选择【任务结束】,在【时间 / 延缓】中输入"0.5s 延缓",【特征】中选择"线性马达 3",在【操作】中选择【更改】,在【数值】中输入"1.15in",【持续时间】中输入"2s",在【轮廓】中选择【摆线】。

单击【计算】图标 ▦,验证到目前为止的运动分析结果。软件将自动填充"任务 9"中【开始】和【结束】的时间,如图 12-19 所示。

任务		触发器			操作					时间	
名称	说明	触发器	条件	时间/延缓	特征	操作	数值	持续时间	轮廓	开始	结束
任务1	转动90度	时间		0s	旋转马达1	更改	90deg	5s		0s	5s
任务2	抬升主臂	任务1	任务开始	<无>	线性马达1	更改	1in	3s		0s	3s
任务3	控制辅臂	任务1	任务开始	<无>	线性马达2	更改	-1in	2s		0s	2s
任务4	控制挖斗	任务1	任务开始	<无>	线性马达3	更改	-1in	1s		0s	1s
任务5	降低主臂	任务1	任务结束	0.5s 延缓	线性马达1	更改	-1.5in	3s		5.5s	8.5s
任务6	控制辅臂	任务1	任务结束	0.5s 延缓	线性马达2	更改	-0.5in	3s		5.5s	8.5s
任务7	伸长辅臂	任务6	任务结束	0.5s 延缓	线性马达2	更改	1.15in	1s		9.01s	10.01s
任务8	伸长主臂	任务6	任务结束	0.5s 延缓	线性马达1	更改	1in	3s		9.01s	12.01s
任务9	收起挖斗	任务6	任务结束	0.5s 延缓	线性马达3	更改	1.15in	2s		9.01s	11.01s
单击此处添加											

图 12-19 "任务 9"完成情况

步骤 17. 添加"任务 10"

单击底部的【单击此处添加】,将会自动生成"任务 10"。在这个任务中,计划在"任务 8"结束后,将"旋转马达 1"对应的控制台转到背面。

在【说明】中输入"转动控制台",在【触发器】中选择"任务 8",在【条件】中选择【任务结束】,【特征】中选择"旋转马达 1",在【操作】中选择【更改】,在【数值】中输入"-180deg",【持续时间】中输入"3s",在【轮廓】中选择【摆线】。

单击【计算】图标 ▦,验证到目前为止的运动分析结果。软件将自动填充"任务 10"中【开始】和【结束】的时间,如图 12-20 所示。

任务		触发器			操作					时间	
名称	说明	触发器	条件	时间/延缓	特征	操作	数值	持续时间	轮廓	开始	结束
任务1	转动90度	时间		0s	旋转马达1	更改	90deg	5s		0s	5s
任务2	抬升主臂	任务1	任务开始	<无>	线性马达1	更改	1in	3s		0s	3s
任务3	控制辅臂	任务1	任务开始	<无>	线性马达2	更改	-1in	2s		0s	2s
任务4	控制挖斗	任务1	任务开始	<无>	线性马达3	更改	-1in	1s		0s	1s
任务5	降低主臂	任务1	任务结束	0.5s 延缓	线性马达1	更改	-1.5in	3s		5.5s	8.5s
任务6	控制辅臂	任务1	任务结束	0.5s 延缓	线性马达2	更改	-0.5in	3s		5.5s	8.5s
任务7	伸长辅臂	任务6	任务结束	0.5s 延缓	线性马达2	更改	1.15in	1s		9.01s	10.01s
任务8	伸长主臂	任务6	任务结束	0.5s 延缓	线性马达1	更改	1in	3s		9.01s	12.01s
任务9	收起挖斗	任务6	任务结束	0.5s 延缓	线性马达3	更改	1.15in	2s		9.01s	11.01s
任务10	转动控制台	任务8	任务结束	<无>	旋转马达1	更改	-180deg	3s		12.01s	15.01s
单击此处添加											

图 12-20 "任务 10"完成情况

步骤 18. 添加"任务 11"

单击底部的【单击此处添加】,将会自动生成"任务 11"。在这个任务中,计划在"任务 10"结束后,将"线性马达 1"对应的伸缩杆缩进 2in。

在【说明】中输入"倾倒挖斗",在【触发器】中选择"任务 10",在【条件】中选择【任务结束】,【特征】中选择"线性马达 3",在【操作】中选择【更改】,在【数值】中输入"-2in",【持续时间】中输入"2s",在【轮廓】中选择【摆线】。

单击【计算】图标 ▦,验证到目前为止的运动分析结果。软件将自动填充"任务 11"中【开始】和【结束】的时间,如图 12-21 所示。

任务		触发器			操作					时间	
名称	说明	触发器	条件	时间/延缓	特征	操作	数值	持续时间	轮廓	开始	结束
任务1	转动90度	时间		0s	旋转马达1	更改	90deg	5s		0s	5s
任务2	抬升主臂	任务1	任务开始	<无>	线性马达1	更改	1in	3s		0s	3s
任务3	控制辅臂	任务1	任务开始	<无>	线性马达2	更改	-1in	2s		0s	2s
任务4	控制挖斗	任务1	任务开始	<无>	线性马达3	更改	-1in	1s		0s	1s
任务5	降低主臂	任务1	任务结束	0.5s 延缓	线性马达1	更改	-1.5in	3s		5.5s	8.5s
任务6	控制辅臂	任务1	任务结束	0.5s 延缓	线性马达2	更改	-0.5in	3s		5.5s	8.5s
任务7	伸长辅臂	任务6	任务结束	0.5s 延缓	线性马达2	更改	1.15in	1s		9.01s	10.01s
任务8	伸长主臂	任务6	任务结束	0.5s 延缓	线性马达1	更改	1in	3s		9.01s	12.01s
任务9	收起挖斗	任务6	任务结束	0.5s 延缓	线性马达3	更改	1.15in	3s		9.01s	11.01s
任务10	转动控制台	任务8	任务结束	<无>	旋转马达1	更改	-180deg	3s		12.01s	15.01s
任务11	倾倒挖斗	任务10	任务结束	<无>	线性马达3	更改	-2in	2s		15.01s	17.01s
单击此处添加											

图 12-21　"任务 11"完成情况

步骤 19．调整动画时间长度

完成"任务 11"后，看到结束的时间在 17s 左右（实际上显示的是 17.01s，这是计算中容许的误差范围，可以忽略这点差异），而之前设置的时间总长为 20s，因此可以将动画的时间长度调整为 17s。

在 MotionManager 的工具栏中单击【时间线视图】图标，切换到时间线视图。将代表时间长度的键码从 20 秒处拖到 17 秒的位置，如图 12-22 所示。

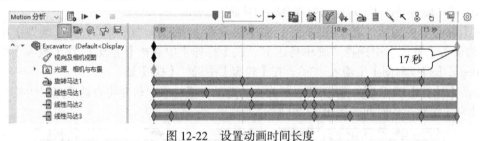

图 12-22　设置动画时间长度

通过图 12-22，还观察到每个马达对应的任务发生的时间区间，与基于事件的运动视图中定义的结果非常吻合。

步骤 20．任务甘特图

在 MotionManager 的工具栏，单击最右侧的【基于事件的运动视图】图标，切换回基于事件的运动视图。

在任务列表的右侧，可以清晰地看到每个任务发生的开始和结束时间，就跟项目管理中的甘特图一样一目了然，这比时间线视图中的表现形式更加直观，如图 12-23 所示。

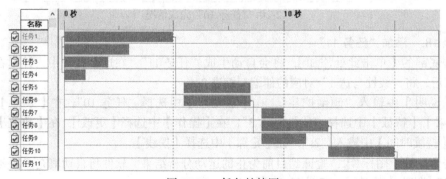

图 12-23　任务甘特图

第 13 章

基于运动结果的电气选型

【学习目标】

1）掌握 Motion Analyzer 软件操作。

2）掌握 Motion Analyzer 与 SOLIDWORKS 集成操作。

到目前为止，已经使用 SOLIDWORKS Motion 分析模块仿真过多个运动算例，这些仿真的动画结果都呈现在 SOLIDWORKS 这款机械设计 CAD 软件中。读者也许会发出疑问，这些仿真的动画结果如何在物理样机中实现？

其实要回答这个问题，需要了解一下集成的机电一体化解决方案。西门子的 Technomatix 和达索的 Delmia 这类工厂自动化的工具都可以提供基于事件的运动分析，但这还不是完整的集成的机电一体化解决方案。只有当西门子结合了 NX、Simulink、Matlab 和西门子专有控制应用程序后，才能称之为集成的机电一体化解决方案。

当然，SOLIDWORKS 结合它的合作伙伴，也可以提供这样集成的机电一体化解决方案。上一章学习了基于事件的运动分析，它具有一个明显的局限性，就是无法提供精确的控制逻辑。通过合作伙伴 NATIONAL INSTRUMENTS 提供的 SoftMotion 可以与 SOLIDWORKS Motion 无缝集成，提供高级的控制逻辑和精确的硬件控制器。另一个合作伙伴 Rockwell Automation 则通过 Motion Analyzer 提供友好的函数生成器，并通过与 SOLIDWORKS Motion 无缝集成来获取运动载荷，最终实现方便工程师选型的目的。在整个集成环境中，SOLIDWORKS 提供的是机械设计部分，SoftMotion 提供的是精确控制部分，而 Motion Analyzer 提供的是电气选型部分，三者的关系可以通过图 13-1 表示。

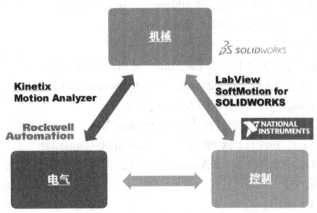

图 13-1　集成的机电一体化解决方案

在这一章将学习如何通过 Motion Analyzer 连接 SOLIDWORKS 软件，并基于 Motion 分析的结果来进行电气选型。

13.1 模型准备

步骤 1. 打开模型文件

从"第 13 章 \ 起始文件 \ 液压设备"文件夹中打开装配体模型"hydraulic assembly.SLDASM"，如图 13-2 所示。

细心的读者会发现，这个模型是 SOLIDWORKS 自带的教程示例模型。在这一章中，将基于已有 Motion 分析的结果，结合 Motion Analyzer 学习如何定义更多的运动曲线。

扫码看 3D 动画

扫码看视频

提醒

由于后面需要和 Motion Analyzer 发生通信，因此这里需要使用管理员身份运行 SOLIDWORKS。而且，必须将 SOLIDWORKS 切换到英文界面，否则 Motion Analyzer 会访问不到 SOLIDWORKS 的数据。按住 < Ctrl+Shift >，右键单击桌面的 SOLIDWORKS 软件图标，选择【以管理员身份运行】即可。

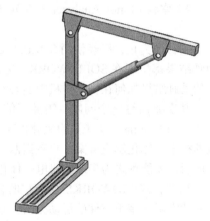

图 13-2　液压设备模型

步骤 2. 激活运动算例

单击 SOLIDWORKS 软件左下方的【Motion Study1】标签页，确认在【Type of Study】中选择了【Motion Analysis】。

步骤 3. 查看线性马达

右键单击【LinearMotor1】，单击【Edit Feature】。

观察到线性马达的速度定义为匀速的 200mm/s，如图 13-3 所示。

单击【OK】图标 ✓ 退出马达编辑对话框。

步骤 4. 定义结果图解

在 MotionManager 的工具栏中单击【Results and Plots】图标 🔲。

在【select a category】中选择【Displacement/Velocity/Acceleration】。

在【select a sub-category】中选择【Linear Velocity】。

在【select result component】中选择【Z Component】。

图 13-3　线性马达设置

在【Select One face，one vertex on part，or one mate/simulation element to create result】中选择"LinearMotor1"，其他选项保持默认，如图 13-4 所示。

单击【OK】图标 ✓。

图解结果如图 13-5 所示。

步骤 5. 定义结果图解

在 MotionManager 的工具栏中单击【Results and Plots】图标 🔲。

在【select a category】中选择【Forces】。

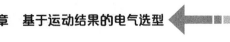

图 13-4 定义结果图解

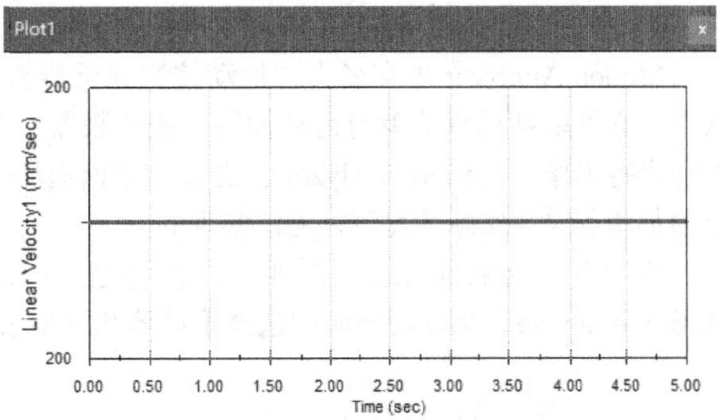

图 13-5 线性速度分量结果图解

在【select a sub-category】中选择【Motor Force】。

在【select result component】中选择【Z Component】。

在【Select One face，one vertex on part，or one mate/simulation element to createresult】中选择"LinearMotor1"，其他选项保持默认，如图 13-6 所示。

单击【OK】图标 ✓。

图解结果如图 13-7 所示。

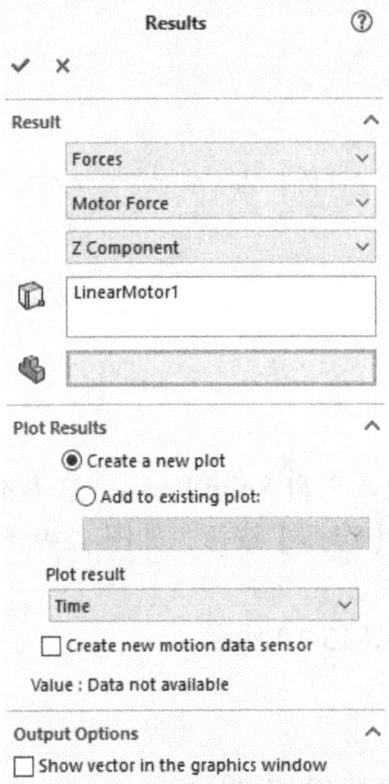

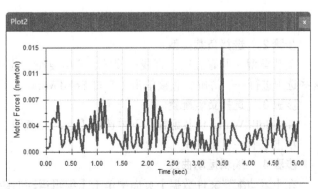

图 13-6 定义结果图解

图 13-7 马达力分量图解结果

步骤 6.　保存结果

单击【文件】→【保存】。

不关闭 SOLIDWORKS，因为在连接 Motion Analyzer 软件时，需要保持 SOLIDWORKS 是打开的。

13.2　使用 Motion Analyzer 进行计算选型

步骤 1.　启动 Motion Analyzer

在进入软件之前，有必要先简单介绍一下 Motion Analyzer。

Motion Analyzer 中文名为"运动控制分析器软件"，它是罗克韦尔自动化公司出品的一款软件，它可以帮助直接参与运动控制系统变频器、电机或执行器的选型、评估和优化工作的工程师进行工作。Motion Analyzer 会更多地考虑运动机构的可实现性，而 SOLIDWORKS Motion 中的某些条件在实际情况下是无法实现的。

安装完 Motion Analyzer 软件后，会在桌面上生成一个对应的图标。以管理员身份运行 Motion Analyzer，从欢迎页面中选择【计算和选型】，单击【开始】按钮，如图 13-8 所示。

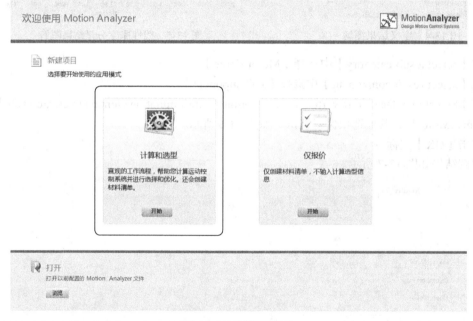

图 13-8　计算和选型

步骤 2.　选择负载类型

负载类型一共有五项：直线、旋转、旋转复杂、应用模板、来自 SolidWorks。这里不会对这些选项进行一一讲解，直接单击【来自 SolidWorks】下方的【选择】按钮，如图 13-9 所示。

步骤 3.　选择负载配置

在【SolidWorks 负载配置】下方选择【平动（直线）】，如图 13-10 所示。

单击【下一步】按钮。

步骤 4.　编辑运动曲线

在【运动配置文件数据】页面中单击【编辑运动曲线】，如图 13-11 所示。

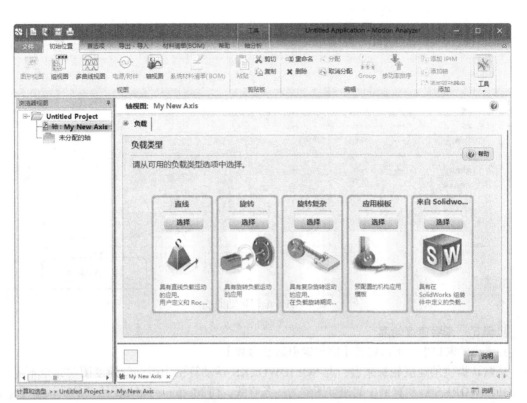

图 13-9　选择来自 SolidWorks

图 13-10　选择负载配置

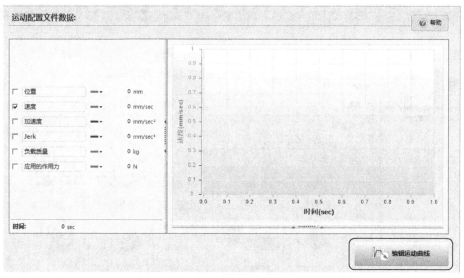

图 13-11　编辑运动曲线

步骤 5.　查看速度轮廓

在弹出的窗口中，可以定义【简单索引运动参数】。

从默认提供的速度轮廓来看，与 SOLIDWORKS 运动算例中得到的速度图解完全不一样。在 SOLIDWORKS 运动算例中的速度图解为一条直线，而 Motion Analyzer 给出的默认速度轮廓为一个梯形。

仔细推敲一下，发现在 SOLIDWORKS 运动算例中得到的结果不符合常理。没有哪一个设备可以不经过加速而直接达到一个速度峰值。即便是像线性马达这样简单的运动，部件运动都有一个加速和减速的过程，这说明 Motion Analyzer 给出的速度轮廓更加符合常理。

在【移动距离】中输入 1000，【移动时间】中输入 5，【索引类型】中选择【梯形】，【平滑度】中选择【自动】，如图 13-12 所示。

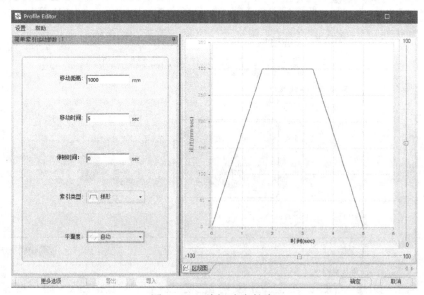

图 13-12　编辑速度轮廓

SOLIDWORKS 运动算例中线性马达的速度设置为 200mm/s，因此【移动距离】可以通过方程 200×5=1000 计算而得。由于 Motion Analyzer 的速度轮廓更加合理，因此希望将这个梯形的速度轮廓加载到 SOLIDWORKS 的运动算例中。在本章结尾部分，也会为大家呈现 SOLIDWORKS 运动算例的变化结果。

步骤 6. 更多选项

单击左下角的【更多选项】。

用户可以在这个界面中编辑更多参数。对于更加复杂的曲线，还可以利用底部的【导入】功能加载复杂曲线数据，如图 13-13 所示。

这里不做任何改动，直接单击【确定】按钮退出。

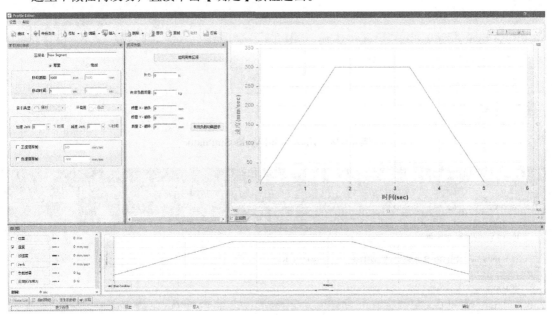

图 13-13 更多选项设置

单击【下一步】。

步骤 7. 启动 SolidWorks Simulator

单击【启动 SolidWorks Simulator】按钮，如图 13-14 所示。

步骤 8. 确认模型显示

将会看到一个弹出的向导窗口，确认捕捉到的装配体文件的位置及预览模型显示正确，单击【Next】按钮，如图 13-15 所示。

步骤 9. 选择运动算例

由于在当前 SOLIDWORKS 中只有一个运动算例【Motion Study 1】，因此无须做任何操作，直接单击【Next】按钮，如图 13-16 所示。

步骤 10. 运动算例设置

查看运动算例设置页面，保持默认值，单击【Next】按钮，如图 13-17 所示。

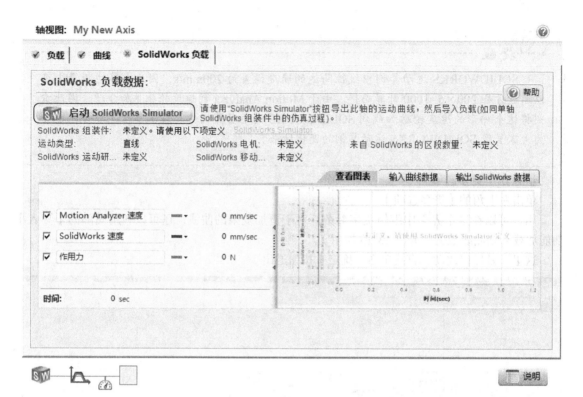

图 13-14　启动 SolidWorks Simulator

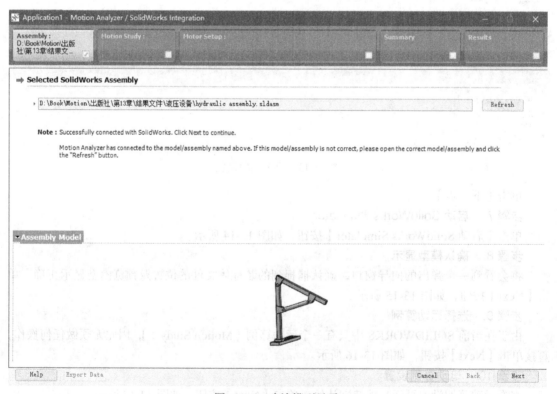

图 13-15　确认模型显示

图 13-16　选择运动算例

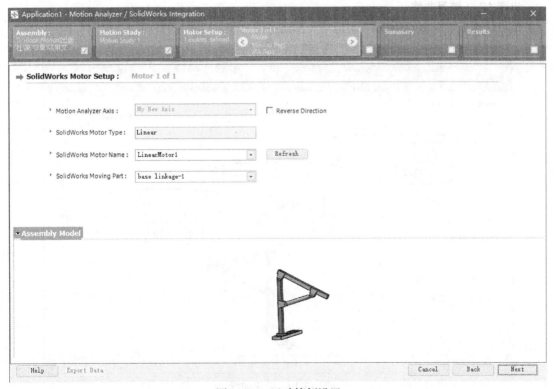

图 13-17　运动算例设置

步骤 11. 摘要信息

保持默认的摘要信息，单击【Next】按钮，如图 13-18 所示。

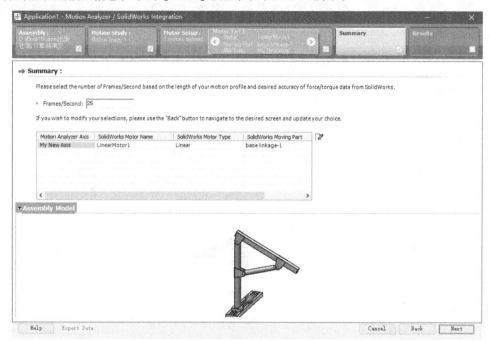

图 13-18　摘要信息

步骤 12. 结果曲线

最后计算出"LinearMotor1"对应的力和速度的曲线，如图 13-19 所示。

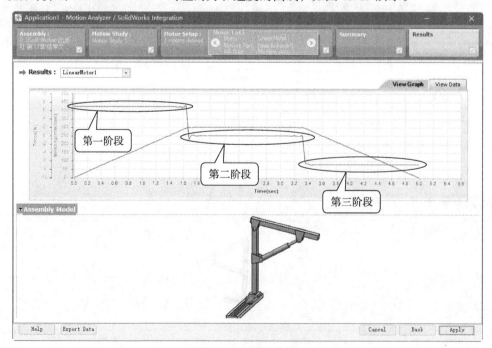

图 13-19　结果曲线

请留意计算得到的马达力曲线。在第一阶段，支撑部件在正向作用力下做加速运动，在第二阶段，支撑部件在没有作用力的情况下保持速度不变，在第三阶段，支撑部件在反向作用力下做减速运动。这与定义的梯形速度轮廓非常吻合。

单击【Apply】。

步骤 13.　查看图表

可以在【查看图表】下方看到作用力、SolidWorks 速度、Motion Analyzer 速度的曲线，如图 13-20 所示。

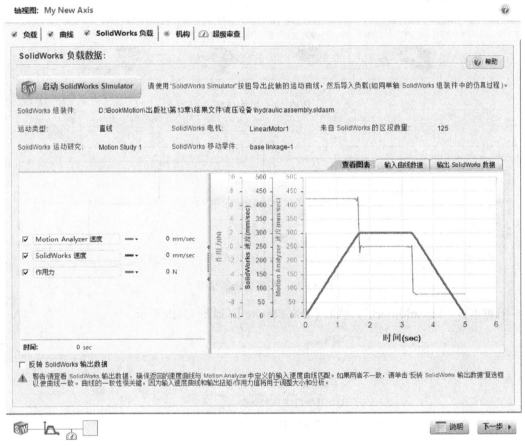

图 13-20　查看图表

单击【下一步】按钮。

步骤 14.　机构选择

接下来，需要选择采用什么样的机构来驱动这个运动部件，达到设计的要求。选型界面如图 13-21 所示。

这一部分属于设备选型，用户可以根据库存、价格、性能指标等多个要素来筛选。这里不做进一步讲解，有兴趣的读者可以参阅参考文献中的《运动控制分析器软件用户手册》。

步骤 15.　查看 SOLIDWORKS 更新的结果

返回 SOLIDWORKS 的【Motion Study】页面，看到两个结果图解都更新为 Motion Analyzer 一样的结果，如图 13-22 所示。

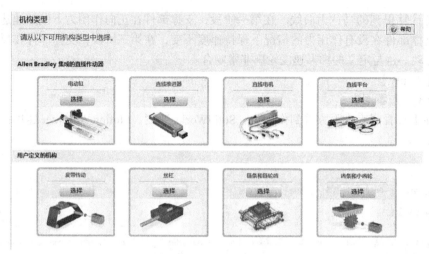

图 13-21　机构选择

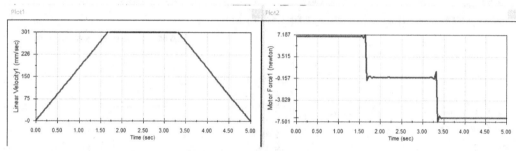

图 13-22　图解更新的结果

右键单击 "LinearMotor1"，单击【Edit Feature】，如图 13-23 所示。

图 13-23　线性马达设置

对比图 13-3，发现【Motion】下方的类型由之前的【Constant Speed】更改为【Data Points】。单击【Edit】按钮，弹出如图 13-24 所示的对话框。

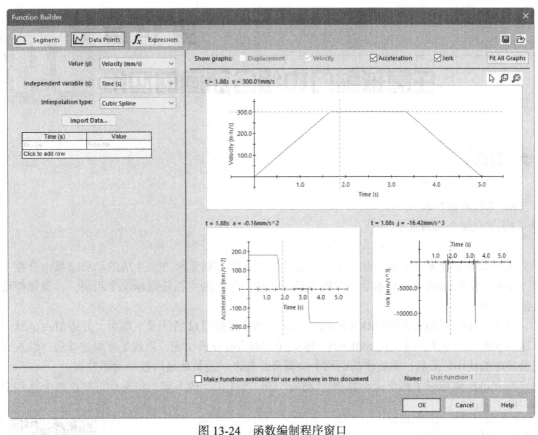

图 13-24　函数编制程序窗口

从这个对话框可以看出，所有图解与 Motion Analyzer 都是一致的。

第 14 章

任意球射门中组合动画的应用

14

【学习目标】

1）掌握相机设置。
2）掌握马格纳斯效应。
3）掌握组合动画设置。

前面学习了很多种生成动画的方法。有些时候，需要将多种方法生成的动画结果组合在一起，生成一个新的动画。在本章中，将以足球比赛中常见的主罚任意球这个示例，讲解如何设置组合动画。

首先，将使用 SOLIDWORKS 的动画功能，创建摄像机从场外推至场内，并停留在足球后方这一动作。接下来，将使用 SOLIDWORKS 的 Motion 分析功能，创建足球踢进球门，以及守门员扑球的动作。最后，需要将前面两个动画合并起来，连贯地显示整个动画过程。

事先已经创建好了两个运动算例："动画"和"射门"。接下来，将重点讲解这两个算例中的一些关键设置。

14.1 动画解析

步骤 1. 打开模型文件

从"第 14 章 \ 起始文件 \ 任意球"文件夹中打开装配体模型"任意球 .SLDASM"，如图 14-1 所示。

扫码看 3D 动画

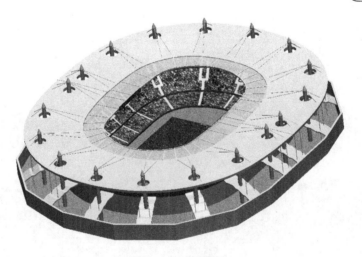

图 14-1 示例模型

步骤 2.　播放动画

单击 SOLIDWORKS 软件左下方的【动画】标签页。

单击【从头播放】图标 ▶。

可以观察到，整个动画处于相机视图中，而且相机是从场外推至场内，最后相机的焦点位于球门右上角。

步骤 3.　查看轨迹相机

在 DisplayManager 中切换至【查看布景、光源和相机】，展开【相机】栏，右键单击【轨迹相机】并选择【编辑相机】，如图 14-2 所示。

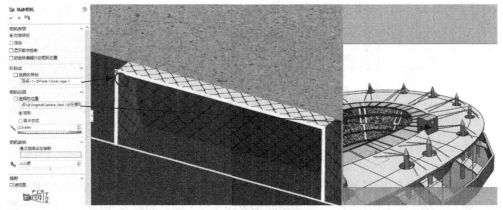

图 14-2　编辑轨迹相机

从相机设置中，可以看到相机位于"Camera_Sled"的原点上。由于不希望在动画中看到"Camera_Sled"零件，因此该零件呈隐藏状态。

步骤 4.　查看路径配合

切换到【模型】页面。

展开装配体"Field"中的"New_Stadium"，右键单击"3DSketch6"并选择【显示】。

展开【配合】，右键单击"路径配合 1"并选择【编辑特征】，如图 14-3 所示。

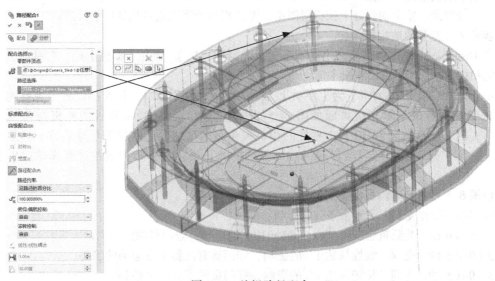

图 14-3　编辑路径配合

从路径配合设置中，观察到"Camera_Sled"的原点与 3D 草图 3DSketch6 是配合在一起的，可以把"Camera_Sled"的原点理解为相机的位置，"3DSketch6"理解为相机安置的运动滑轨。

查看完毕后，由于不希望在动画中显示"3DSketch6"，因此需要将"3DSketch6"恢复隐藏状态。

步骤 5. 查看路径配合百分比

单击 SOLIDWORKS 软件左下方的【动画】标签页。

展开【配合】，查看最后一行对应的"路径配合 1"。

在 0 秒时刻，路径配合对应的百分比为 0%；在 20 秒时刻，路径配合对应的百分比为 100%。在 20~25 秒之间，路径配合不起作用。

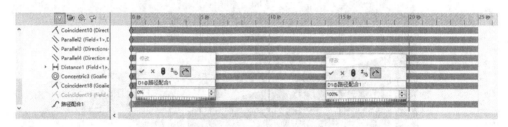

图 14-4　路径配合百分比

虽然整个动画设定为 25 秒，但是【路径配合 1】只对前 20 秒起作用。也就是相机在前 20 秒，由滑轨开始端（位于体育场外）推至滑轨结束端（位于体育场内）。而最后 5 秒画面处于静止状态，并在最后时刻（25 秒时刻），相机视图切换至【足球跟随相机】。

14.2　Motion 分析解析

步骤 6. 播放动画

单击 SOLIDWORKS 软件左下方的【射门】标签页。

确认【算例类型】为【Motion 分析】。

单击【从头播放】图标 |▶。

可以观察到，整个动画处于相机视图中，而且相机始终跟随着足球向前推进。

步骤 7. 查看轨迹相机

在 DisplayManager 中切换至【查看布景、光源和相机】，展开【相机】栏，右键单击"足球跟随相机"并选择【编辑相机】。

由于采用的【相机类型】为【浮动】，因此在 0 秒、1 秒和 1.5 秒处都设置了关键帧，这三个关键帧对应的编辑相机页面如图 14-5~ 图 14-7 所示。其中，0 秒处的相机视角位于足球后方，能观察到人墙和球门；1 秒处的相机视角跟随足球，仍然位于足球后方，但是已经绕过了人墙，只能看到守门员和球门；1.5 秒处的相机视角进一步向前推进至离球门更近的距离。

步骤 8. 查看与守门员相关的设置

守门员的动作受到以下五个条件的影响：

1）0~0.6 秒，受到重合配合"Coincident19"的影响，守门员的脚不离地。

2）0~0.8 秒，受到"线性马达 1"的影响，守门员有向斜上方运动的趋势。

3）0~1.5 秒，受到"旋转马达 1"的影响，守门员的手臂向上抬起。

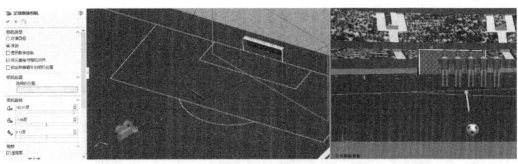

图 14-5　0 秒处相机位置

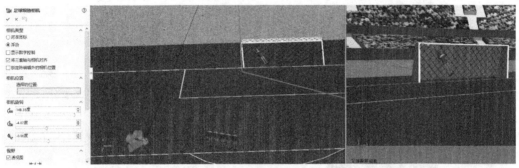

图 14-6　1 秒处相机位置

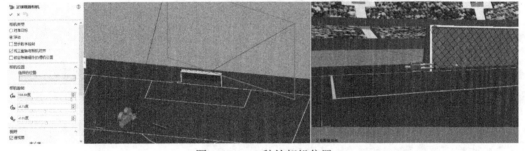

图 14-7　1.5 秒处相机位置

4）时刻受到【引力】的作用，使得守门员侧身飞起后会下落。

5）时刻受到"实体接触 2"的作用，使得守门员与场地不会发生穿透。

通过这五个条件的作用，可以确保守门员首先做出横向移动，然后侧身跃起并伸出手臂做扑球动作，最后在重力作用下跌落到地面。

右键单击"线性马达 1"，选择【编辑特征】，如图 14-8 所示。

右键单击"旋转马达 1"，选择【编辑特征】，如图 14-9 所示。

步骤 9.　查看与足球相关的设置

足球的动作受到以下五个条件的影响：

1）初始速度，包括初始线性速度和初始角速度。

2）空气阻力，包括 X、Y、Z 三个方向的阻力。

3）马格纳斯效应力，包括 X、Z 两个方向的力。

4）足球在飞行过程中受到的地心引力。

5）受到"实体接触 1"的作用，使得足球与其他部分不会发生穿透。

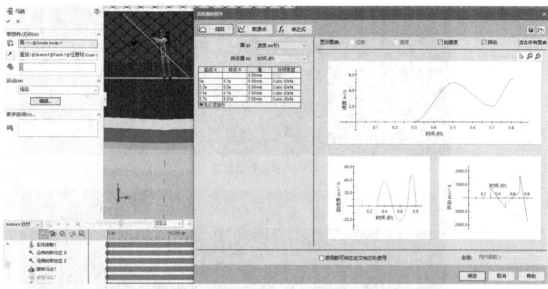

图 14-8　线性马达 1 设置

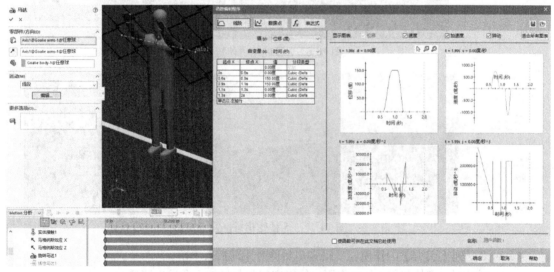

图 14-9　旋转马达 1 设置

通过这五个条件，足球将在运动员踢出球的瞬间产生初始速度，在这之后便时刻受到空气的阻力、马格纳斯效应力、地心引力的作用，产生复杂的运动轨迹。

首先来看一下初始速度的设置。展开【Initial Velocity】，右键单击"初始速度 1"并选择【编辑特征】，如图 14-10 所示。

 提醒

　　这里给定的初始线性速度和初始角速度是通过试错的方法得到的，可以确保足球射入球门。如果时间允许，建议按照第 7 章的方法，生成设计算例，通过创建传感器、建立变量、设置约束条件和求解目标，最终计算出优化结果。

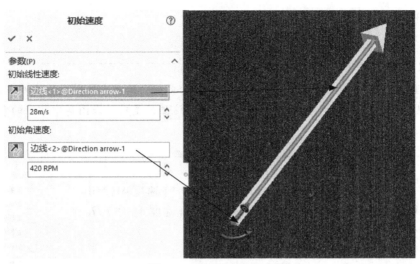

图 14-10　初始速度设置

任何一个运动的物体，在空气中都会受到空气阻力。这是流体力学中空气动力学的问题，阻力的大小跟物体的雷诺数有关：

$$F_i = \frac{v_i}{v} c_w A \frac{1}{2} \delta v^2 \ (i = x, y, z) \left[c_w = f(Re) \right] \tag{14-1}$$

式中，F_i 为阻力；δv 为速度增量；c_w 为马格纳斯系数；A 为参考面积。

右键单击"阻力 X"，选择【编辑特征】，如图 14-11 所示。

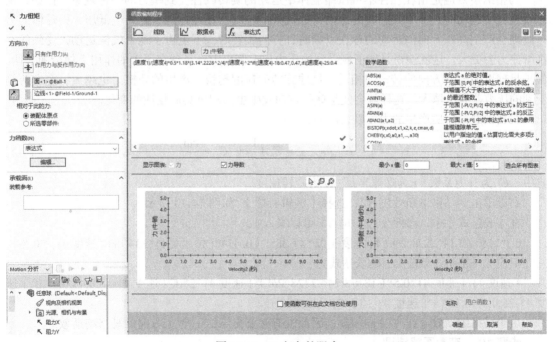

图 14-11　X 方向的阻力

在【表达式】中，参照公式（14-1）可以录入：

{速度1}/{速度4}*0.5*1.18*(3.14*.2228^2/4)*{速度4}^2*if({速度4}-18:0.47,0.47,if({速

度 4}-25:0.47-0.22*（{速度 4}-18）/7, 0.22,0.22））

提醒

这里出现了"{速度 1}""{速度 4}"这样的参数，读者可能会觉得有些不好理解。其实这些参数在结果图解中已经提前创建好了，这里只是对结果图解中相应的参数进行了引用，如图 14-12 所示。

对应【阻力 Y】的表达式为：

{速度 2}/{速度 4}*0.5*1.18*（3.14*.2228^2/4）*{速度 4}^2*if（{速度 4}-18:0.47,0.47,if（{速度 4}-25:0.47-0.22*（{速度 4}-18）/7, 0.22,0.22））

对应【阻力 Z】的表达式为：

{速度 3}/{速度 4}*0.5*1.18*（3.14*.2228^2/4）*{速度 4}^2*if（{速度 4}-18:0.47,0.47,if（{速度 4}-25:0.47-0.22*（{速度 4}-18）/7, 0.22,0.22））

> Results
> 图解1<速度1>
> 图解2<速度2>
> 图解3<速度3>
> 图解4<速度4>
> 图解5<角速度1>
> 图解6<跟踪路径1>
> 图解7<线性位移1>
> 图解8<反作用1>

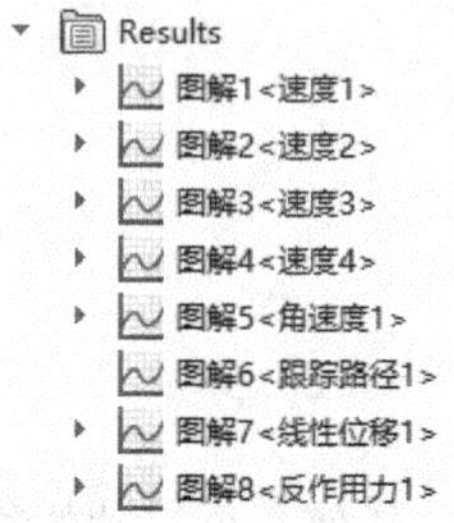

图 14-12　结果图解

空气阻力虽然会降低足球飞行的速度，但不会改变轨迹的形态。但是，实际情况中，大家看到足球中很多任意球都具有非常不可思议的弧线，并非常规的抛物线。要解释这个问题，必须介绍马格纳斯效应。

先来看看百度百科对马格纳斯效应的解释：

马格纳斯效应是指在黏性不可压缩流体中运动的旋转圆柱受到举力的一种现象。比如，足球在气流中运动时，如果其旋转的方向与气流同向，则会在球体的一侧产生低压，而球体的另一侧则会产生高压。向前运动的球在以顺时针方向旋转时，下侧由于迎着气流运动，受到的空气摩擦力会更大。这就使得足球下侧受到的压力比上侧更大，足球在压力的作用下便会朝上偏。如果足球以逆时针方向旋转，则相反。足球旋转的速度越快，产生的摩擦力也越大，左右两侧受到的压力差异也越大，这样就会使足球的方向发生更大和更具欺骗性的变化。

马格纳斯效应所产生的力可以表示为：

$$F_{马格纳斯效应} = C_L A \frac{1}{2} \delta v^2 \quad C_L = \frac{r\omega}{v} \tag{14-2}$$

式中，C_L 为升力系数；r 为球体半径；ω 为旋转速度。

右键单击"马格纳斯效应 X"，选择【编辑特征】，如图 14-13 所示。

在【表达式】中，参照公式（14-2）可以录入：

0.5*1.18*（3.14*.2228^2/4）*{速度 3}^2*（0.385*（0.1114*{角速度 1}*3.14/180/{速度 4}）^0.25）

对应"马格纳斯效应 Z"的表达式为：

{速度 1}/{速度 4}*0.5*1.18*（3.14*.2228^2/4）*{速度 4}^2*if（{速度 4}-18:0.47,0.47,if（{速度 4}-25:0.47-0.22*（{速度 4}-18）/7, 0.22,0.22））

由于马格纳斯效应在 Y 方向很弱，因此没有必要再添加一个 Y 方向的马格纳斯效应力。

步骤 10.　查看图解结果

展开【Results】，右键单击"图解 6<跟踪路径 1>"，选择编辑特征，如图 14-14 所示。

从得到的足球运行轨迹来看，这条曲线十分复杂。这是由于空气阻力、马格纳斯效应力、地心引力多种力作用的结果。

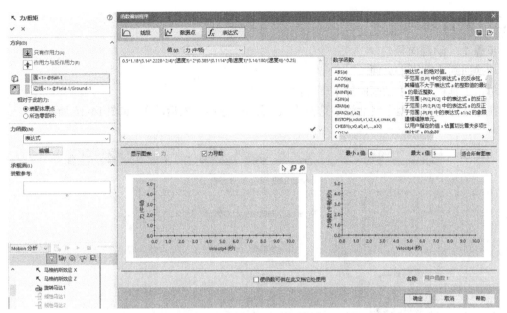

图 14-13　X 方向的马格纳斯效应力

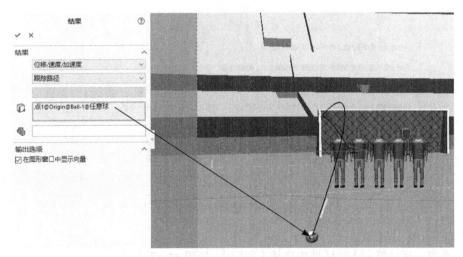

图 14-14　显示跟踪路径

如果从正视、俯视和右视三个方向来观察足球运行的轨迹，发现它都是曲线，如图 14-15 所示。如果压缩马格纳斯效应力，则在俯视图投影的足球运行轨迹应该是一条直线。有兴趣的读者建议自行尝试，这里就不展开讨论了。

图 14-15　三个视角下的跟踪路径投影

14.3 组合动画

步骤1. 动画向导

切换回到【动画】页面。

单击工具栏上的【动画向导】图标📷。

在【选择动画类型】对话框中选择【从 Motion 分析输入运动】，如图 14-16 所示。

图 14-16 选择动画类型

单击【下一步】按钮。

在【选取一运动算例】对话框中选择【射门】，如图 14-17 所示。

单击【下一步】按钮。

在【动画控制选项】对话框中，将【时间长度（秒）】更改为 10，其他设置保持不变，如图 14-18 所示。

单击【完成】按钮。

步骤2. 查看组合动画

单击【从头播放】图标▌▶。

在这个动画中，在 0~25 秒仍然显示的是之前在【动画】页面中设置的动画，而 25~35 秒则是将"射门"页面中的动画结果也添加了进来。

然而，大家可能会发现，25~35 秒的动画显示跟"射门"页面中的结果不一样。这是因为"足球跟随相机"在结束位置的关键帧没有通过动画向导添加进来，因此需要手动添加相应的关键帧。

图 14-17 选取一运动算例

图 14-18 设置动画控制选项

步骤 3. 复制关键帧

切换到"射门"页面。

展开【光源、相机与布景】。

在"足球跟随相机"位于 1.5 秒处的关键帧上方单击右键，选择【复制】。

步骤 4. 粘贴关键帧

切换到"动画"页面。

在动画结束的 35 秒时间线位置，单击右键并选择【粘贴】。

步骤 5. 查看组合动画

单击【从头播放】图标 |▶。

这一次，组合动画满足了预期的效果。

步骤 6. 保存并关闭文件

第 15 章 常见问题及解答

【学习目标】

1）使用接触组。

2）设置线性马达。

3）使用精确接触。

4）合理使用关键帧。

在设置运动算例时，经常无法得到预期的动画结果，或者计算动画需要耗费很长时间。这时候，需要仔细分析出错的原因，并一一克服。常见纠错的步骤一般分为以下几步：

1）查看计算求解报错。

2）压缩部分或所有驱动要素，保证时间轴位于 0 点时刻。

3）在装配体中通过移动零部件工具来检查修改，并确保机构能够正常运动。

4）逐个解压之前压缩的驱动要素，并检查修正，确保机构能够正常拖动。

5）每次更改都需要重新计算一次，修正至没有报错信息。

在这一章中，将列举四个实例，讲解在运动仿真时遇到的系列问题，并给出相应的解决方法。当然无法列出所有可能出现的问题，这需要大家在平时使用的过程中，注意多多练习和积累。

15.1 加快求解速度

步骤 1. 打开模型文件

从"第 15 章 \ 起始文件 \ 传送机构"文件夹中打开装配体模型"传送机构 .SLDASM"，如图 15-1 所示。

已经事先定义好了"运动算例 1"。该实例模拟的是包装箱在倾斜传送带上，由于旋转马达和重力的作用，将包装箱向下传送的过程。

扫码看 3D 动画

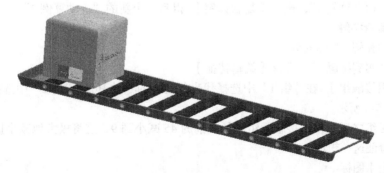

图 15-1 传送机构模型

步骤 2. 计算运动算例

激活"运动算例 1"标签页。

单击【计算】图标▣。

发现计算的时间很长。有没有办法提高求解的速度呢？先来看看在 SOLIDWORKS Motion 中，有哪些加快计算的方法：

1）保证至少一个固定零件，尽可能固定更多的零件。

2）尽可能接近真实地建立配合。

3）使用刚性而非柔性的子装配体。

4）在运动算例中使用刚性接触组。

5）尽可能保证运动求解器求解较小的方程，处理较少的冗余。

在这个实例中，先检查一下之前定义的实例接触。

步骤 3. 查看接触

右键单击"实例接触 2"，选择【编辑特征】，如图 15-2 所示。

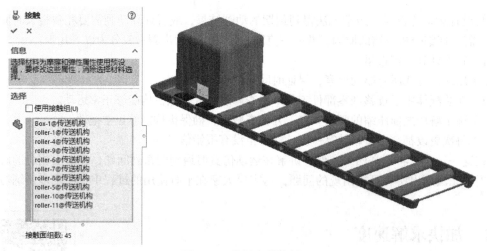

图 15-2　编辑实体接触

可以看到接触面组数为 45，这会导致接触部分的计算量非常庞大。仔细分析这个实例，发现传送带的辊筒之间并不会发生接触，只有包装箱会与每个辊筒发生接触，因此在这里可以通过使用接触组，极大地减小接触部分的计算量。

步骤 4. 复制算例

右键单击"运动算例 1"，选择【复制算例】，得到一个新的"运动算例 2"。

步骤 5. 编辑接触

激活"运动算例 2"标签页。

右键单击"实例接触 1"，选择【编辑特征】。

勾选【使用接触组】，在"组 1"中选择代表包装箱的零件 Box，"组 2"中选择靠下方的 9 根辊筒，如图 15-3 所示。

在使用接触组之后，发现接触面组数从之前的 45 减小到 9，这将极大地减小接触部分的计算量，稍后将验证这一想法。

单击【确定】图标✔。

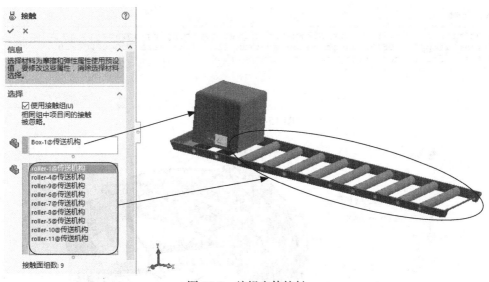

图 15-3　编辑实体接触

步骤 6.　计算运动算例

单击【计算】图标 📇。

这一次可以快速地计算出运动的动画结果。

从这个实例可以看到，在其他条件都不发生改变的情况下，仅仅通过使用接触组就达到了加快计算的目的。

步骤 7.　保存并关闭文件

15.2　线性马达设置

步骤 1.　打开模型文件

从"第 15 章 \ 起始文件 \ 铲车"文件夹中打开装配体模型"铲车.SLDASM"，如图 15-4 所示。

已经事先定义好了"运动算例 1"。该实例模拟的是铲车在油缸活塞推动下，将铲斗抬升的过程。

扫码看 3D 动画

步骤 2.　计算运动算例

激活"运动算例 1"标签页。

单击【计算】图标 📇。

计算到 1.3 秒左右时，会得到如图 15-5 所示的错误提示。

分析整个装配体，触发运动的条件是线性马达，因此有必要对线性马达的设置进行排查，看看是否能够找到原因。

步骤 3.　查看线性马达

右键单击"线性马达 1"，选择【编辑特征】，如图 15-6 所示。

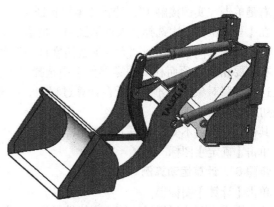

图 15-4　铲车模型

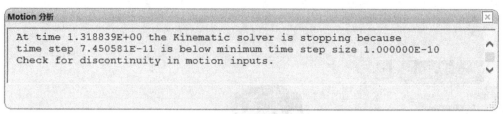

图 15-5　错误提示

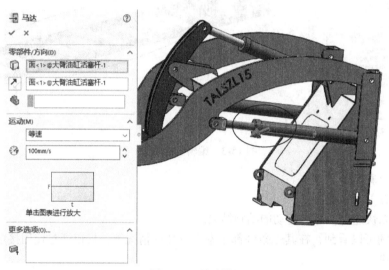

图 15-6　马达设置

从图中画圈的区域可以看到，代表马达方向的箭头和伸缩活塞杆的方向不一致，因此这样的马达设置肯定是错误的。

保留这个错误的运动算例，新建一个运动算例，对线性马达重新定义。

步骤 4.　复制算例

右键单击"运动算例 1"，选择【复制算例】，得到一个新的"运动算例 2"。

步骤 5.　编辑接触

激活"运动算例 2"标签页。

右键单击"实例接触 1"，选择【编辑特征】。

在【马达位置】中选择"大臂油缸 -1"的表面。

在【马达方向】中选择"大臂油缸活塞杆 -1"的表面，并单击【反向】图标 ↗。

在【要相对此项而移动的零部件】中选择"大臂油缸活塞杆 -1"。这一项尤其重要，只有加上这个参照对象后，才能保证在计算过程中，油缸和活塞的方向始终保持一致，而不是一直参照初始的线性马达方向。

其他设置保持不变，如图 15-7 所示。

单击【确定】图标 ✓。

步骤 6.　计算运动算例

单击【计算】图标 📠。

这次没有出现错误提示，铲斗在线性马达的作用下，正确提升到了相应的位置。

步骤 7.　保存并关闭文件

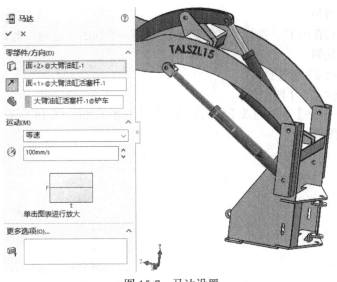

图 15-7　马达设置

提醒

　　有兴趣的读者，可以再新建一个运动算例，重新编辑线性马达，并在【马达位置】和【马达方向】中交换油缸和活塞的位置，看看计算的结果是否一致。

15.3　精确接触

步骤 1.　打开模型文件

从"第 15 章 \ 起始文件 \ 堆积球"文件夹中打开装配体模型"堆积球.SLDASM"，如图 15-8 所示。

已经事先定义好了"运动算例 1"。该实例模拟的是一堆球在重力作用下下落掉入玻璃碗中的过程。

步骤 2.　计算运动算例

激活"运动算例 1"标签页。

单击【计算】图标 📊。

发现球体直接穿透了碗底，明显和预期得到的结果不符。

步骤 3.　查看运动算例属性

单击【运动算例属性】图标 ⚙，如图 15-9 所示。

由于球体下落过程做自由落体运动，达到碗底的时间是非常短暂的。实体接触条件有可能无法及时捕捉到碗底和球体之间的接触，导致球体直接穿透碗底。因此，需要考虑勾选【使用精确接触】选项，然后再验证结果是否正确。

保留这个错误的运动算例，新建一个运动算例，对运动算例属性重新定义。

扫码看 3D 动画

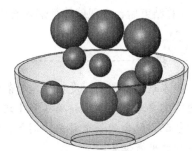

图 15-8　堆积球模型

步骤 4. 复制算例

右键单击"运动算例 1"，选择【复制算例】，得到一个新的"运动算例 2"。

步骤 5. 编辑接触

激活"运动算例 2"标签页。

单击【运动算例属性】图标 ⚙。

在【3D 接触分辨率】下方勾选【使用精确接触】选项，如图 15-10 所示。

单击【确定】图标 ✓。

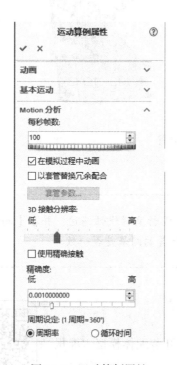

图 15-9 运动算例属性

图 15-10 运动算例属性

步骤 6. 计算运动算例

单击【计算】图标 🖩。

由于接触面组数量很多，因此计算的时间将会很长。

计算结束后，发现球体都落入碗中，符合预期。

提醒

在这个算例中，发现仿真的条件只有引力和实体接触。当处理这类运动仿真问题时，通常需要考虑【使用精确接触】这一选项。而且，引力＋实体接触这个组合，还可以作为装配体配合的一个补充。例如，可以确定不规则物体（如不倒翁）在重力作用下最终达到的平衡位置。

步骤 7. 保存并关闭文件

15.4 轨道滑块运动仿真

步骤 1. 打开模型文件

从"第 15 章 \ 起始文件 \ 轨道滑块"文件夹中打开装配体模型"轨道滑块 .SLDASM",如图 15-11 所示。

扫码看 3D 动画

图 15-11 轨道滑块模型

在这个模型中，将模拟正方体滑块沿着轨道运动的过程。这类似汽车在赛道上的运动，也与车间里的传送带运送货物的运动相似。

由于轨道有起伏，很难用单一的触发机制完成整个运动的仿真。可以尝试使用关键帧的方式，结合装配体的配合关系来完成这个动画。

步骤 2. 查看关键设置

首先来查看一下配合中两个路径配合的特征。

在【模型】页面中，展开【配合】文件夹，右键单击"路径配合 1"并选择【编辑特征】，如图 15-12 所示。

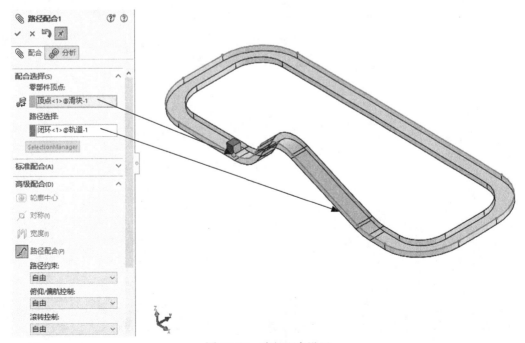

图 15-12 路径配合设置

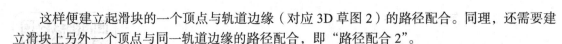

　　这样便建立起滑块的一个顶点与轨道边缘（对应 3D 草图 2）的路径配合。同理，还需要建立滑块上另外一个顶点与同一轨道边缘的路径配合，即"路径配合 2"。

　　滑块大部分位移都发生在轨道的平面上，因此重合的配合关系只会作用在平面位移阶段，当滑块在起伏面上移动时，则需要通过平行的配合关系来保证滑块的稳定性。

　　最后，再检查滑块在每个关键帧上的位置是否正确，并判断滑块移动的速度是否满足需求。

步骤 3.　计算运动算例

单击【计算】图标🖩。

滑块可以按照预期完成运动动画。

步骤 4.　保存并关闭文件

附录 "3D秀秀"使用方法

本书使用了大量二维码，方便读者通过扫描二维码的方式，观看三维立体的动画结果。结合传统书籍的图文内容，读者可以通过移动设备获取三维立体的效果，增加了学习的趣味性。

为了使大家也掌握这项技术，有必要介绍一下3D秀秀这个制作工具。3D秀秀是由新迪数字工程系统有限公司独立研发的一款基于Web显示真实3D模型的产品，立足于前沿的互联网三维显示与交互技术，无须安装任何插件或软件，即可在PC端和移动端实时展现高品质的便捷三维数据模型，并可通过iframe嵌入任何终端，也可通过微信扫码一键分享至朋友圈，真正实现了3D随时秀。

3D秀秀可以让产品"活"起来。3D秀秀支持产品模型自定义背景、音乐、场景，支持产品模型的材质、纹理、渲染、灯光、角度的调节，支持产品模型的爆炸、拆分、旋转、缩放、移动等操作，支持产品模型的运动动画播放和视角标注功能。

3D秀秀搭建了一个供用户上传、展示、分享的体验平台，用户可以自由上传自己的3D作品，支持包括SOLIDWORKS、Rhino、3ds Max、NX、Inventor等在内的多种3D文件格式，还可以围观、点赞、收藏设计师的优秀作品。3D秀秀像当下视频网站的视频一样，很容易就能嵌入任何网页，更可以一键将作品转发至微信、QQ、微博等知名社交圈，更好地促进设计和交流。目前平台已经聚集了数百家企业用户和众多的个人用户，上传、体验3D秀秀的产品，并且获得了业内外一致好评。

3D秀秀切实保障3D模型资产的安全，系统服务器将用户的模型转换为独有的轻量化文件，用户在线只能看到基于渲染的模型显示，而无法获取模型文件，保障模型文件的安全。付费用户还支持模型离线下载，实现数据的自主管理。

1. 准备工作

步骤1. 进入3D秀秀网站

可以输入 http://www.3dxiuxiu.cn/ 进入3D秀秀的主页。

步骤2. 查找转换工具

在主页底部，找到"转换工具"，单击"转换工具"进入对应页面，如附图1所示。

附图1 转换工具入口

步骤3. 下载SOLIDWORKS转换工具

3D秀秀的转换工具是基于三维设计软件开发的插件。插件的主要功能是在本地完成模型的轻量化工作，然后再将轻量化之后的模型上传到3D秀秀的服务器上，最后就可以通过网页链接或二维码等方式进行分享了。

在3D秀秀上传工具页面，找到"Solid Works上传工具"的位置，单击右侧的"下载安装"

按钮，如附图 2 所示。

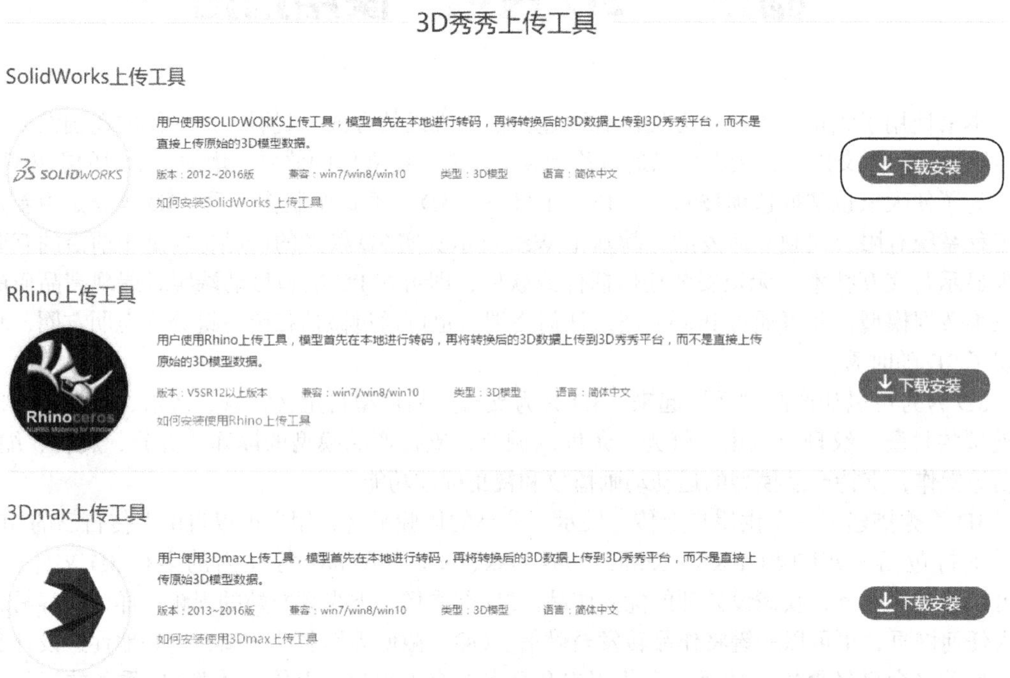

3D秀秀上传工具

SolidWorks上传工具

用户使用SOLIDWORKS上传工具，模型首先在本地进行转码，再将转换后的3D数据上传到3D秀秀平台，而不是直接上传原始的3D模型数据。

版本：2012~2016版　　兼容：win7/win8/win10　　类型：3D模型　　语言：简体中文

如何安装SolidWorks 上传工具

↓ 下载安装

Rhino上传工具

用户使用Rhino上传工具，模型首先在本地进行转码，再将转换后的3D数据上传到3D秀秀平台，而不是直接上传原始的3D模型数据。

版本：V5SR12以上版本　　兼容：win7/win8/win10　　类型：3D模型　　语言：简体中文

如何安装使用Rhino上传工具

↓ 下载安装

3Dmax上传工具

用户使用3Dmax上传工具，模型首先在本地进行转码，再将转换后的3D数据上传到3D秀秀平台，而不是直接上传原始3D模型数据。

版本：2013~2016版　　兼容：win7/win8/win10　　类型：3D模型　　语言：简体中文

如何安装使用3Dmax上传工具

↓ 下载安装

附图 2　下载转换工具

步骤 4. 安装转换工具

右键单击下载的 ".exe" 文件，然后选择【以管理员身份运行】，完成插件安装。

步骤 5. 启动 3D 秀秀插件

启动 SOLIDWORKS 软件。

从 "第 2 章 \ 结果文件 \ 活塞" 文件夹中打开 "plunger.SLDASM"。

单击【工具】→【插件】，勾选【3D 秀秀】作为启动插件，如附图 3 所示。

单击【确定】按钮。

随后，可以从【文件】菜单和 Command-Manager 中找到【发布到 3D 秀秀】，如附图 4 和附图 5 所示。

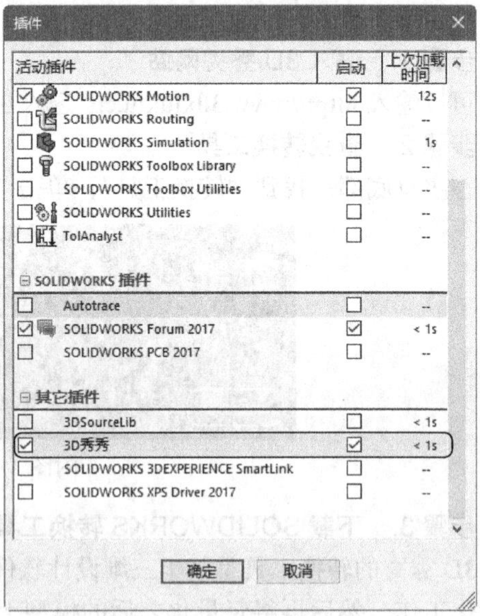

附图 3　加载插件

附图 4　文件菜单

附图 5　CommandManager 页面

2. 上传编辑模型

步骤 1.　发布到 3D 秀秀

单击【文件】→【发布到 3D 秀秀】。

在弹出的【用户登录】对话框中，输入用户名和密码，单击【登录】按钮，如附图 6 所示。如果是第一次使用，需要先注册一个登录账号。

由于这个模型包含动画信息，因此插件会侦测到动画内容，并弹出提示对话框，如附图 7 所示。

附图 6　用户登录对话框

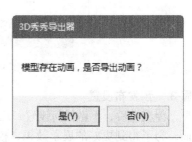

附图 7　导出动画提示

单击【是】按钮，确定将模型包含的动画信息导出。

步骤 2. 完善模型信息

在弹出的【完善模型信息】对话框中，填写必要的选项，然后单击底部的【提交】按钮，如附图 8 所示。

附图 8　完善模型信息

单击【提交】按钮后，模型将在本地进行轻量化格式转换，并将转换后的轻量化模型上传到 3D 秀秀服务器，并提示"模型上传成功"的消息，如附图 9 所示。

附图 9　模型上传成功提示

步骤 3. 预发布设置

模型上传成功后，不做任何设置，已经可以自由分享上传的作品了。

然而，为了得到更好的展示效果，模型上传成功后会第一时间进入预发布设置页面，如附图 10 所示。

附图 10　预发布设置页面

设置完毕，单击右上角的【预览】按钮，进入预览页面，如附图 11 所示。

附图 11　预览页面

读者用手机扫描右侧的二维码，便可以在手机端查看这个动画结果。

3. 注意事项

由于 3D 秀秀目前只支持 SOLIDWORKS 的动画运动算例上传，而不支持基本运动和 Motion 分析生成的运动算例，因此必须通过动画向导的方式，把基本运动和 Motion 分析生成的运动算例转换成动画结果，再上传到 3D 秀秀服务器中。

下面列出几个注意事项，供大家在制作 3D 秀秀动画时参考：

1）首先，需要新建一个运动算例，确保算例类型为动画。

2）然后，在新建的运动算例中运行动画向导。

3）在【选择动画类型】中选择【从基本运动输入运动】或【从 Motion 分析输入运动】，单击【下一步】直至完成。

4）删除妨碍动画生成的一些条件，比如配合条件等。

5）单击【计算】图标，确保动画播放正常。

6）删除基本运动和 / 或 Motion 分析运动算例，只保留动画运动算例。

7）最后，将动画运动算例发布到 3D 秀秀。

参考文献

[1] 罗克韦尔自动化公司 . 运动控制分析器软件用户手册 V7.0 版本 [Z].2014.

[2] 丁则胜，邱光纯，张萍 . 马格纳斯效应的研究与发展 [J]. 华东工程学院学报，1981（4）: 119-147.

[3] 达索系统 SOLIDWORKS 公司 .SOLIDWORKS Motion 用户手册 [Z].2017.